① 胡克望远镜

② 这是一个大质量星体爆炸后留下的残骸，红色部分为
爆炸边缘，蓝色部分为数百万度的高温气体

③ 木星和木卫一

④ 这是一张土星的"逆光照"，你能看到土星的"背影"
和光环，还有背景里的星星

⑤ 影像中心是一个活动星系，叫武仙座A。星系中间的
黑洞引发了两道喷流，长度超过100万光年，是我们
银河系直径的10倍

⑥ 被称为"创造之柱"的鹰状星云是新生恒星的"摇篮"

	③
①	④
	⑤
②	⑥

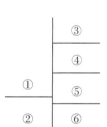

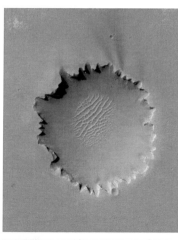

① 火星上的维多利亚陨石坑

② 土卫七是太阳系中最大的非球形天体，表面布满蜂窝一样的坑，像一个巨大的榴莲

③ 像核桃一样的土卫八

④ 五彩的木卫一

⑤ 球状星团 M15 是银河系中约 150 个球状星团中的一个

⑥ 这是漩涡星系 M74，大约与我们的银河系同样大小。距离我们约 3200 万光年

⑦ 这颗大质量恒星发生了爆炸，产生了一个厚重的外壳，中间的核心为恒星本身，周围是被照亮的气体和尘埃外壳，看上去好似梵高的画作

⑧ 一颗走向死亡的恒星在太空中"涂抹"了这浓墨重彩的一笔，它被人们称为视网膜星云

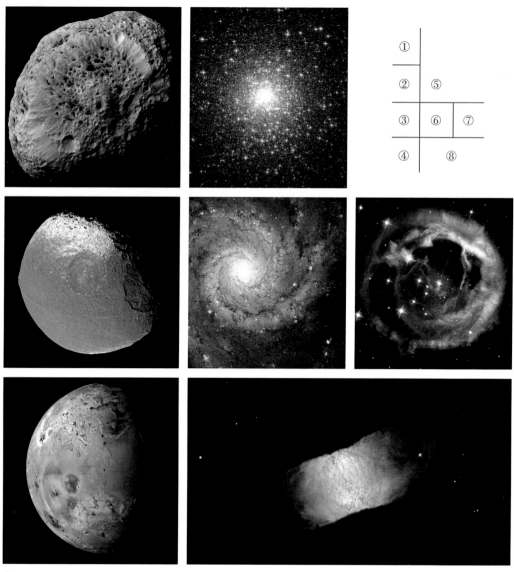

①		
②	⑤	
③	⑥	⑦
④	⑧	

① 四百年前，大麦哲伦云中一颗恒星发生了爆炸，留下了这个美丽的环状超新星遗骸

② 太阳动力学卫星拍摄的远紫外图像，图像左上角白色区域显示了一个太阳耀斑

③ 猫眼星云由恒星"蜕变"而成，这恒星释放了它的外层结构，从而"制造"了这朵星云。它的独特之处是很复杂，因此有人认为，它的中心恒星有一颗伴星

④ 一颗类太阳恒星的外层气壳被抛入太空中，它的星核将变成白矮星

⑤ 这是个星系团，看上去像一张"笑脸"，那两只"眼睛"是非常明亮的星系，而"嘴唇"就是"引力透镜"造成的光弧

⑥ 猎户座大星云是一个正在产生新恒星的巨大气体尘埃云，距地球 1500 光年

⑦ 一个太阳黑子

⑧ 两个星系"不期而遇"，于是相互碰撞和拉扯，像一对正在打闹的老鼠，所以人们称它为老鼠星系。这碰撞和拉扯会反复进行，直到完全合并在一起

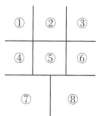

①	②	③
④	⑤	⑥
⑦		⑧

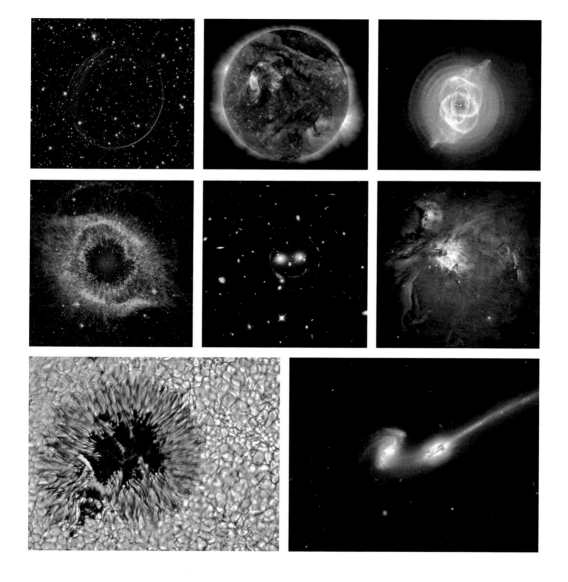

① 太阳耀斑

② 火星上的黄昏

③ 地球从月亮上升起

④ 蚂蚁星云像一只蚂蚁,"腰部"有一颗和太阳类似的恒星正在死亡的
  途中,它释放出的气体形成了对称的图案。这是太阳的未来

⑤ 木卫二

⑥ 火卫一上的陨石坑

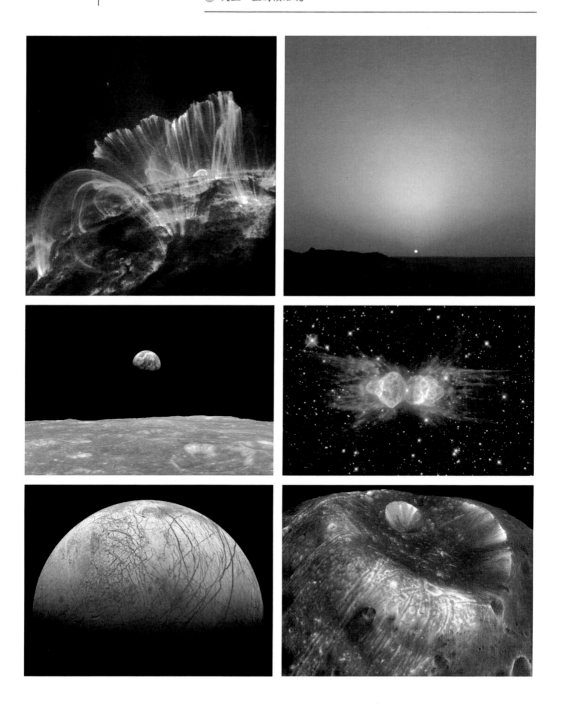

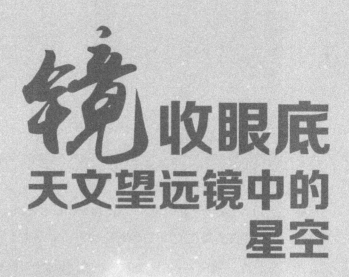

镜收眼底
天文望远镜中的星空

张唯诚 / 著

科学出版社

北京

图书在版编目(CIP)数据

镜收眼底：天文望远镜中的星空/张唯诚著 . —北京：科学出版社，2015
ISBN 978-7-03-044970-2

Ⅰ . ①镜… Ⅱ . ①张… Ⅲ . ①天文学-普及读物 Ⅳ.①P1-49

中国版本图书馆 CIP 数据核字（2015）第 129294 号

责任编辑：侯俊琳 樊 飞 田慧莹/责任校对：张怡春
责任印制：李 彤 / 封面设计：众聚汇合

科 学 出 版 社 出版
北京东黄城根北街 16 号
邮政编码：100717
http://www.sciencep.com

北京虎彩文化传播有限公司 印刷

科学出版社发行 各地新华书店经销
*

2015 年 7 月第 一 版 开本：720×1000 1/16
2022 年 3 月第四次印刷 印张：12 3/4 插页：2
字数：200 000

定价：58. 00 元
（如有印装质量问题，我社负责调换）

序

2014 年 12 月，中国科学院老科学家科普宣讲团的关秀清副团长递给我一本科学出版社的稿件，是一位非天文专业作者的作品，想请一位有专业天文学素养的专家看看，从科学性上来说，是否值得出版。我看完之后觉得很不错，本书的作者有着良好的天文学基础，引用了很多 21 世纪以来的新资料、新信息，写作的切入点也很独特。我认为这本书值得出版，是一本很不错的大众天文科普读物。

2015 年 4 月，科学出版社又将这本书的定稿发给我看，并取了一个有人文气息的书名——《镜收眼底：天文望远镜中的星空》，我认真看了书稿，认为此前的评价仍然成立。

作为国家天文台的研究员，我也写过一本天文科普读物《话说宇宙》，因此，无论从专业学术，还是科学普及来说，对于《镜收眼底：天文望远镜中的星空》这样一本书，我都有着特殊的感觉。

由于职业养成的习惯，很多专业人士在对待科普的时候，可能更注重全面和系统，以及逻辑和严谨，而实际上光有这些是不够的，这大概也是专业研究者写作科普读物的通病，或者说劣势。一本好的科普读物，其科学的严谨性必不可少，但如果没有引人入胜的语言和故事加以配合，就难以起到科学普及的作用。与此相反，《镜收眼底：天文望远镜中的星空》则写得很有故事，从望远镜的发展历程来进行天文学的科普是一个非常独特的视角，从太阳系中各行星发现的不同过程，探索银河系真相的曲折经历，直至搜索系外行星和外星人的趣闻，均有生动的描述。

难得的是本书在不太大的篇幅里，大体上回答了一般中学生甚至大学生和社会大众对宇宙感兴趣的众多问题。对于当前天文学前沿的各种基本概念，如谱线红移、哈勃定律、Ia超新星、引力透镜、宇宙膨胀和加速膨胀、暗物质和暗能量，以及系外行星和宜居带等，均有简要讲述。对于先进的空间天文望远镜和探测器，如哈勃空间望远镜、钱德拉X射线空间望远镜、赫歇尔空间望远镜、普朗克空间望远镜、开普勒系外行星探测器等，也均有涉及。可见本书提供的知识是与时俱进的。

从古到今，天文学都伴随着人类社会的成长与发展。天文学也从早期的占星发展成为一门科学。如今的孩子，不必像先贤们那样，在没有仪器和科学知识的环境中冥思苦想，而是可以站在巨人的肩膀上去学习科学、发展科学。这样一本天文科普读物，无疑可以给热爱天文学、探索宇宙奥秘的学生、爱好者们眼前一亮的感觉，从天文望远镜中去欣赏星空，将宇宙的万千美景收于眼底。

伟大的物理学家阿基米德曾说过：给我一个支点，我可以撬动整个地球。我希望这本科普读物能作为一个支点，让阅读者打开天文学的兴趣之门。

中国科学院国家天文台研究员　林元章

2015年5月

前言：星空引领人类思想的航程

几乎所有动物都有视觉，但只有人用"身外之物"成功地延伸了自己的视觉，这其中，用天文望远镜观察星空是最值得大书特书的事情。望远镜刚刚出现的时候，也经历了艰难曲折的发展阶段，这个阶段很漫长，几乎占了望远镜观测史中3/4的时间。这时望远镜的倍率很小，分辨率低，还只能在可见光波段上观测，所以人们对宇宙的认识还是相对缓慢的。然而，正是在这段时间里，人类在探索宇宙的道路上获得了重要突破。人们纠正了很多以前用肉眼观测星空时的错误，清除了很多传统思维的屏障，涌现了一批伟大的科学巨匠，如伽利略、牛顿、赫歇尔等。

到后来，望远镜又把人类视觉的范围覆盖到了"不可见"的波段，包括红外线、紫外线、X射线和无线电波。于是，展现在我们面前的宇宙就是一个"多波段"的宇宙，这是人类视觉的又一次革命——扩展。到了这个时候，地球上所有的物种，不论它们拥有多么敏锐的目光都不能与我们人类的视觉相提并论了。

20世纪是人类认识星空的黄金时代，正是在这100年里，人类拥有了巨型现代望远镜、多波段望远镜、射电望远镜和太空望远镜，这样的进步毫无悬念地把我们对宇宙的观察活动带进了新纪元。人们借助现代科技，包括航天技术、计算机技术、互联网技术和现代摄影技术，把普通的望远镜装备上了现代科技的翅膀。

因此，用望远镜观测星空堪称一次不断突破视觉极限的传奇之旅，一次延续了400多年的视觉装备"马拉松"比赛，它对人类思

想史的贡献怎么评价都不会过高。

也正因为如此，才可以说，我们正生活在一个非常幸运的时代，因为望远镜正在最大限度地满足我们的好奇心。想想 400 年前，人们仰望星空，脑海里塞满无数无解的问号，而答案的获得却遥遥无期。我相信，正是这种想求得答案而不得的焦虑促使人类的先贤们前仆后继地探索星空，他们的劳动为后世的人们提供了无比可贵的知识财富。

小时候，我也是个好奇心强的孩子，时常望着星空思考漫无边际的问题：星星是什么？为什么这么多，这么亮？它们来自何方，归向何处？我相信，全世界的孩子都会毫无例外地思考同样的问题。即使我们长大了，被纷扰的世事弄得无意再去看一眼星空，在我们的内心深处也一定保留着那个儿时的园地——那份对星空的来自本能的好奇。

本书就是为解开这些读者的疑惑而问世的，它不是望远镜的简单介绍，也不是天文学的系统叙述，而是穿插天文新发现的星空描述，当然还包括人们用望远镜发现星空的有趣历史。我希望它能为读者提供一幅"现代版"的美丽星空，向读者呈现宇宙的神奇和星空的浩瀚；我还希望它是好读的和有趣的，这也是本书编辑——科学出版社的何况老师在我写作的过程中一直提醒我做到的。何老师说，如果一本科普书要贴近读者，它就应该是通俗易懂和生动有趣的。我知道这很难做到，但也是我追求的目标。

另外，我希望这本书是真实的，我认为科学的魅力就在于它的真。俗话说，"眼见为实"，把这话用在用望远镜观测星空这件事上是再恰当不过了。

以上各点，只是我力图企及的目标，至于做没做到，还期待读者的指正。

在本书的写作过程上，许多人都付出了辛勤的劳动。何况老师给了我很多中肯的指导和大量帮助；中国科学院国家天文台研究员林元章教授为这本书亲自审稿和写序。在此一并深表谢意。

最后我要说的是，观察星空是一件很重要的事。过去，人们依靠天上的星辰辨别方向，不论走路还是航海，星空都能为人们指引方向，而现在，这样的作用依然存在，它存在于全人类的思想领域中。它让我们知道我们从何处来，到哪里去，以及我们在宇宙中是一种怎样的存在。一旦知道了这些，我们就仿佛得到了一个思想的"坐标"，人类的一切思想成果都离不开这个"坐标"，所以说，正是星空在引领着人类思想的航程。

张唯诚

2015 年 3 月 18 日

目 录

CONTENTS

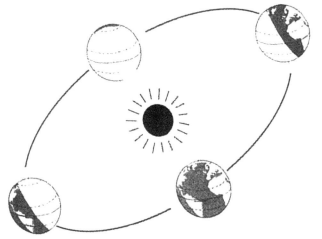

第一章

巨镜时代

第一节　地面望远镜的"变形记"

一、伽利略的视觉奇遇

说起来，在望远镜出现以前，我们头顶上的星空是非常简单的，只有太阳、月亮、几千颗肉眼可见的恒星和五颗行星，即水星、金星、火星、木星和土星，除此之外，就是偶尔出现在天空中的彗星。当然，人们还会看到"天河"，那是银河系的一部分；如果运气好，还会看到一颗陌生的"新星"，那是一颗恒星发生了爆炸。

大约 400 年前的一个晚上，一位 46 岁的中年人将自己的眼睛凑近一根管状物，这是一根空管子，两端各嵌有一块透镜。谁

也没有料到的是，就在他把这根管子指向天空时，星空发生了改变，因为从此以后，在人类的视野中，星空就再也不是原来的那个模样了。

图 1.1　伽利略像

这位中年人名叫伽利略（图 1.1），是一名意大利天文学家，当时正在威尼斯附近的帕多瓦大学持教。他听说荷兰人发明了一种新奇的名为"窥视镜"的东西，主要部分是两块眼镜片，当把这两块镜片一远一近地固定在眼前时，远处的景物就会拉近，变大。这个消息让伽利略非常兴奋，于是自己也"如法炮制"起来，他找来一根管子和两块透镜，将管子的一端嵌上凹透镜，作为供眼睛窥视的目镜，另一端嵌上凸透镜，作为指向目标的物镜。就这样，一番调试后，人类历史上第一架天文望远镜就诞生了（图1.2）。

图1.2 伽利略向别人介绍如何使用望远镜

现在想来，当伽利略带着这架简陋的望远镜走上塔楼时，他一定非常兴奋，好奇心强烈地冲击着他，布满星辰的夜空深深吸引着他。接下来发生的事对当时的人来说无异于一次令人惊讶万分的"视觉奇遇"：伽利略看到木星有4颗卫星，看到月亮上有不少陨石坑，还明白了月亮和行星发出的光是太阳的反射光（图1.3）。

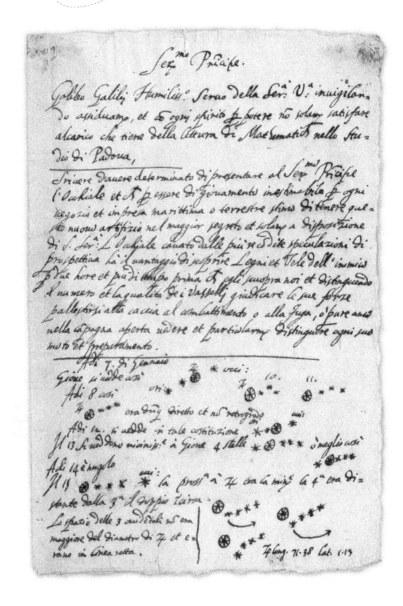

图 1.3　伽利略用望远镜观测木星的原始记录

　　在一个雾气朦胧的黄昏，伽利略开始用他的望远镜观察太阳。
透过蒙蒙的雾霭，伽利略发现了太阳黑子（用望远镜直接观察太阳
是危险的，会伤害眼睛。正确的方法是采用"投影法"：将物镜一端

对准太阳，让阳光透过望远镜从目镜一端投射到一个白色表面上。调节焦距，可清晰地显示太阳黑子。伽利略虽然用望远镜直接观测了太阳，但他选择黄昏时段，又有雾霭，所以问题不大。后来伽利略也使用投影法观测太阳了）。连续观测了一段时间后，伽利略认定，那些黑子是太阳表面的一部分，于是就此推测了太阳的自转，认识到太阳在以大约每25天一周的速度自转着。

伽利略在观测土星时，也发生了奇怪的事，他看到土星呈现出一种古怪的形状，好像长了两只"耳朵"。伽利略怀疑那耳朵是土星的两颗卫星。

今天我们知道，那两颗"卫星"就是土星的光环。由于伽利略的望远镜倍率太小，光环的形状看上去有点古怪，所以像两只耳朵。后来，人们用更精密的望远镜观察土星，才真正发现了土星环，不过那已经是半个多世纪以后的事了。

二、从"越来越长"到"越来越胖"

就这样，伽利略启动了一次崭新的"视觉革命"，天文望远镜也从此走上了一条极不平凡的发展之旅，形形色色的望远镜层出不穷，它让人类的视觉体验了从未有过的刺激。但总的来说，望远镜的作用就是通过光学原理将远处的物像"放大"和"加亮"，从而有了"望远"和"看清"的效果。在后来的几百年里，不论望远镜发展得多么复杂，除了个别特殊的望远镜外，它们最基本的原理和作用都并没有太大的改变。

伽利略发明了天文望远镜后，折射望远镜统治了半个多世纪的天文观测，人们在这段时间里不断通过延长望远镜的焦距来消除影响观测效果的物像变形，望远镜因此也被做得越来越长。例如，荷

兰科学家惠更斯就把他的望远镜做到了将近 40 米长，望远镜的物镜吊在一根高高的桅杆上，目镜则用一根绳子与物镜相连，这种望远镜操作起来很不方便。但长焦距也确实管用，前面说到，伽利略曾把土星的光环当成了卫星，而土星环的真正发现是在半个多世纪后。这发现了土星环的人就是惠更斯，而他用以观测土星的就是这架怪模怪样的望远镜。

然而惠更斯的望远镜也并不是最长的，还有人制造了更长的望远镜。从理论上说，望远镜可以长得不可思议，而这种只存在于构想中的望远镜甚至可以看清月面上极小的细节。大约也就是在这个时候，反射望远镜出现了，这时人们意识到，物镜的口径越大，收集到的光线就越多，分辨率也越高，于是，望远镜开始变得越来越"胖"，而不是越来越长了。这种"胖"望远镜的制作竞赛也"催生"了不少牛人，其中英国天文学家威廉·赫歇尔和爱尔兰天文学家罗斯伯爵就是赫赫有名的人物。

赫歇尔一生制作了几百架望远镜，磨制的镜片不计其数。由于专注于磨镜，他有时腾不出手吃饭，他的妹妹就喂他吃饭。1789 年，赫歇尔制作了一架口径为 1.22 米的大望远镜（图 1.4），他用这架望远镜发现了土卫一和土卫二。

和赫歇尔一样，罗斯伯爵也对大望远镜情有独钟，他出身于门第显赫的贵族，最大的心愿是制造一架当时最大的望远镜观测星空。他磨制了一块金属反射镜面，这个镜面是分块磨制然后焊接在一起的，重达 3.6 吨，口径 1.84 米，人们费了好大的劲才把它装进了一个 17 米长的镜筒中。

图 1.4 赫歇尔制作的口径为 1.22 米的大望远镜

　　罗斯伯爵的这架望远镜非常庞大，大家因此用《圣经》中的大

海怪"列维亚森"称呼它（图 1.5）。

"列维亚森"是放在两堵高墙之间的，

只能沿南北子午线观测，东西方向最

多只能移动 15 度，使用起来非常笨

重，但尽管笨重，罗斯伯爵还是用它

观测了漩涡状星云 M51（图 1.6 和图

1.7），还看到了"蟹状星云"　（图

1.8）内的纤维状结构。

图 1.5 罗斯伯爵的
大望远镜"列维亚森"

图 1.6　旋涡星系 M51　　　　　图 1.7　罗斯伯爵手绘的 M51

图 1.8　蟹状星云

就这样，望远镜被做得越来越大，操作起来也越来越不方便。假若把大望远镜比作一个巨人，那么这个巨人至少也要"行动自如"才行吧，然而在当时，大望远镜往往"笨"得出奇，成了徒有其表的"假巨人"，它们操作起来非常麻烦，要花大量时间调试，人累得

不行，观测效果却并不好，所以"大"的优势难以发挥出来。

三、"假巨人"变成了"真巨人"

于是，这场人类视觉装备上的"马拉松比赛"似乎就要临近尾声了，因为望远镜不能再大了，这个难题是到了近现代才得到解决的。随着科技的进步，人们在望远镜制造中使用了越来越多成熟的现代技术，包括新型材料技术、现代摄影技术、计算机辅助技术和多镜片拼嵌技术等，这些技术的运用就好比给了"巨人"以强健的肌肉、结实的骨骼和灵活的大脑，于是"巨人"们渐渐地变得"能干"起来，大的优势得到发挥，望远镜便终于"长"成了人类探索宇宙的"真巨人"。

屈指算来，人类新一代巨镜的诞生应该是在 20 世纪曙光初显于天际的那个世纪之初。1917 年，有人在加利福尼亚海拔 1 742 米的威尔逊山上建造了口径 2.5 米的望远镜，名为胡克望远镜（图 1.9），它是当时口径最大的天文望远镜。胡克望远镜有液压系统，运行平稳，后来人们正是用这架望远镜发现了宇宙正在膨胀的惊人真相。

图 1.9 胡克望远镜

31 年后，胡克望远镜的霸主地位被美国帕洛马山天文台上的海尔望远镜所取代。海尔望远镜口径 5 米，比胡克望远镜翻了一倍，在此后很长的一段岁月里，它就是人们观察宇宙最敏锐的"巨眼"。但 40 多年后，海尔望远镜又被凯克望远镜超越了。凯克望远镜有两架，坐落在夏威夷的莫纳克亚火山上，口径为 10 米，比海尔望远镜又翻了一倍。

莫纳克亚火山海拔 4 205 米，那里也是其他几个世界顶级巨镜的安身之所。昂星团望远镜属日本国家天文台，落成于 1999 年，口径 8.2 米，建成时是世界上最大的单镜面光学望远镜。同年落成于此处的巨镜还有双子北方望远镜，口径 8 米，负责用可见光和红外线巡视北方的星空。

双子北方望远镜的姊妹镜是双子南方望远镜，安设在南半球智利的欧洲南方天文台，负责巡视南方的星空。欧洲南方天文台是欧洲天文学家在南半球共同建立的天文台，始建于 1962 年，那里最令人惊叹的巨镜是甚大望远镜（图 1.10），它由 4 台 8.2 米口径的望远镜组成，其收集到的光线可等同于一架口径 16 米的单筒光学望远镜。透过甚大望远镜的"巨眼"，天文学家将炽热的星云、垂死的恒星和遥远的星系尽收眼底，令人震撼。

图 1.10　甚大望远镜

四、望远镜的"摩尔定律"

1965 年，美国科学家和企业家戈登·摩尔提出了一个预言，他说，芯片上的晶体管数将以每年翻倍的速度递增，这就是著名的"摩尔定律"。回顾天文望远镜发展的历史，它们的口径似乎也在遵循着一种自己的"摩尔定律"：下一代望远镜总比上一代望远镜大一倍，但间隔的时间却长达几十年。

按照这样的规律，凯克望远镜的下一代巨镜应该是 20 米口径，并且要在 2025 年以后才会问世，然而今天的天文学家已经不再耐烦遵循望远镜发展的所谓"摩尔定律"了，他们在世界各地建造新型望远镜，望远镜家族中的"巨无霸"层出不穷。

在美国亚利桑那州，大双筒望远镜坐落在海拔 3190 米高的格雷厄姆山上，那里远离大城市的灯光，水汽和尘埃极为稀少，是非常理想的观测地点。大双筒望远镜有两个凹镜，安装在一个整体上，直径都是 8.4 米，可同时对准需要观测的目标天体，亦可单独使用。借助光线干涉原理，它获得的图像可达到与直径 23 米镜片相同的清晰度。

能与大双筒望远镜媲美的地面光学望远镜是位于西班牙帕尔加那群岛上的加那列大型望远镜，它的口径达 10.4 米，也是由 36 个六角形镜片组成，位于海拔 2 400 米的高山上，那里天清云淡，空气清澈，是观测星空的理想之所。

在智利拉斯坎帕纳斯天文台，人们正在建造大麦哲伦望远镜，它是新一代望远镜的"霸主"，由 7 片镜片组合而成，每片镜片的直径为 8.4 米，实际口径达 24.5 米，几乎是凯克望远镜的 2.5 倍。

不过，大麦哲伦望远镜在世界地面光学望远镜中的霸主地位上

也不会待很久，因为它的后面还会接二连三地诞生更为先进的下一代巨镜：30 米口径的 30 米望远镜、42 米口径的欧洲极大望远镜，人们甚至构想了 100 米口径的绝大望远镜。

望远镜的变迁是人类探索本能的强有力佐证，它最直观地展示了人们面对未知世界时那永不枯竭的探索欲望，因此，望远镜的发展和改良永远不会止步不前。

第二节　太空望远镜中的"多波段景观"

一、把望远镜送上太空

早在 20 世纪 40 年代，就有人提出将望远镜送入太空的想法，这个人就是美国天体物理学家莱曼·斯必泽，他于 1945 年提出了太空望远镜的概念，这个设想在当时非常超前，要知道，第一颗人造地球卫星是在他提出这个设想的 10 年之后才升空的。那么，为什么要把望远镜送上太空呢？

可见光有红、橙、黄、绿、青、蓝、紫 7 种颜色，天体除了发出可见光之外，还发出多种我们人眼看不见的光，包括射电波、红外线、紫外线、X 射线、γ 射线等。

早期的天文学家只能在可见光范围内观测宇宙，但近一二百年来，由于人类陆续发现了各类肉眼看不见的光线，并不断研制出各种观测这些辐射的特殊的望远镜，人类已经掌握了在多种"不可见"波段上观测宇宙的技术，对宇宙的认识也越来越全面和深入。

表面上看，可见光和肉眼看不见的光似乎区别很大，但它们的本质其实是相同的，即都是电磁波，只不过波长不同罢了。红光是可见光中波长最长者，红外线和无线电波比红光的波长更长；紫光

是可见光中波长最短者，紫外线、X 射线、γ 射线都比紫光的波长更短。

虽然来自天体的各种辐射本质相同，但地球大气对它们的反应却大相径庭。一些波段的辐射因被地球大气反射，吸收和散射无法抵达地面，而另一些波段的辐射则可以穿透大气层抵达地面。具体地说，可见光、射电波和一小部分红外光能穿透地球大气抵达地面，而紫外线、X 射线、γ 射线和绝大多数红外波段的辐射却不能抵达地面，所以要想在一些无法穿透大气层的波段上观测宇宙，便需要把望远镜送上太空。

当然，即使是可以抵达地面的波段，如可见光，太空望远镜因为不受大气的干扰，它们的观测效果也比地面好得多。

二、"多波段景观"一瞥

20 世纪 70 年代，为了在多种波段上看清宇宙的真面目，天文学家实施了一个名为"大型观测台"的太空望远镜计划，在这个计划的带动下，各类大型太空望远镜陆续升空。由于它们各自独特的"目光"，宇宙的"多波段景观"才呈现在了我们面前。

哈勃太空望远镜是"大型观测台"计划的首个成员（图 1.11），主要工作在可见光波段，其光学设计和人眼视物的原理非常接近，所以哈勃太空望远镜仿佛是一只代替人眼的太空巨眼在饱览着宇宙的奇观。它拍摄的太空图片美轮美奂，精妙绝伦，使人类前所未有地感受到太空中的恒星、星云（图 1.12）和星系是如此地美丽和壮观，这也正是这款前所未有的太空巨镜拥有大批忠实粉丝的重要原因。

图 1.11　哈勃太空望远镜

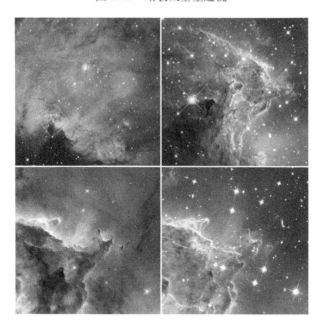

图 1.12　哈勃太空望远镜拍摄的"猴头星云"

　　宇宙中有很多寒冷的低温天体，观察这种天体，红外望远镜是"行家里手"。斯必泽太空望远镜是"大型观测台"计划中的红外太空望远镜，它能透视遥远星系中被尘埃遮挡的中心地带，也能相对

容易地研究太阳系以外其他恒星周围的行星，还能有效地观测彗星和星际尘埃。

"斯必泽"主要工作在近红外和中红外波段，而另一架红外太空望远镜"赫歇尔"则是一架远红外太空望远镜，其强大的功能足以使它收集到来自宇宙深空中由极寒冷和极遥远的天体发出的辐射。

"赫歇尔"的后续镜是詹姆斯·韦伯太空望远镜（图 1.13），它是观测能力更强的红外太空望远镜，个头更加宏大，主镜直径 6.4 米，接近"赫歇尔"的 2 倍。"詹姆斯·韦伯"将把人类的视线延伸到宇宙遥远的幼年期，使我们看到宇宙诞生不久后的状态。

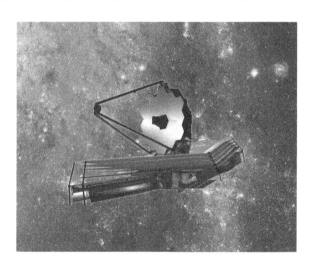

图 1.13　詹姆斯·韦伯太空望远镜

在宇宙中，既有低温天体，也有炽热的高温天体，它们除发射可见光和多种其他辐射外，也发射 X 射线，所以被称为 X 射线源。例如，有些双星就是 X 射线源，它们由一颗普通恒星和一颗密度极高的致密星组成。由于致密星强大的引力，邻近普通恒星中的物质便被致密星拉了出来并落向致密星，这个过程会产生 X 射线辐射。除此之外，如活动星系核、超新星遗迹也是 X 射线源。

图 1.14 组装中的钱德拉 X 射线太空望远镜

观测宇宙 X 射线源是人们研究高温天体和宇宙中高能物理现象的好方法，钱德拉 X 射线太空望远镜就是专为观测 X 射线源而升空的（图 1.14）。

"钱德拉"观测了大量 X 射线源，如超新星遗骸（图 1.15）等，使人们看到了此前未曾一见的宇宙 X 射线景观；它还观测到船底座两个星系团碰撞融合的景象，从而找到了暗物质存在的证据。

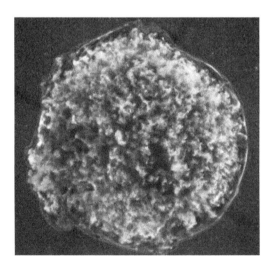

图 1.15 第谷超新星遗骸的"X 射线景观"

除了 X 射线外，宇宙中的炽热天体还发射紫外线，包括高温恒星、大质量恒星、活动星系核等，所以人们也发射了一些紫外太空望远镜以在紫外波段上观测太空。总之，宇宙中天体的温度是各不相同的，所以它们发出的电磁波也各不相同，温度越高，波长越短，而不同望远镜对电磁波的观测也"各有所长"和"各有所专"，有的负责长波段，有的负责短波段，这样一来，宇宙的"多波段景观"就展现在人们的眼前了。

三、闪光背后的星空传奇

在电磁波中，γ 射线的波长最短，所以它让人们感知到的宇宙也最为特别，因为这种射线的突然增强往往暗示着宇宙发生了大事情。

天文学家将宇宙 γ 射线突然增强的现象称为伽马暴，它是宇宙

图 1.16　一个伽马射线暴

中一种神秘的爆炸（图 1.16），这种爆炸在数秒钟内产生的能量差不多等同于把太阳的全部质量都转变成了能量。在一瞬间内，这种爆

炸所释放的能量相当于太阳一年辐射能量的几百亿倍。那么它们是如何形成的？产生的源头在哪里呢？

原来，伽马暴来自大质量天体的剧烈活动，主要包括两种情况，一是当一颗超大质量恒星走向死亡时，它会发生爆炸，这时，由于重力的坍塌，灼热的能量便从星核冲出星体，爆炸波与星际间的气体、尘埃发生碰撞，于是，伽马暴就发生了；另一种情况是，当两颗致密星发生碰撞时，它们融合成黑洞，这个过程也会产生伽马暴。

为了研究伽马暴，人们发射了一些专门用于观测伽马暴的太空望远镜和先进的伽马暴观测卫星，其中一颗名为"雨燕"的观测卫星是最先进的伽马暴观测者（图 1.17），它配备了爆发警示望远镜、X 射线望远镜和紫外望远镜，可从 γ 射线、X 射线、紫外线和可见光四个方面研究伽马暴，还能将信息通过电子邮件传给世界最大的几个天文台，这样，天文学家便可及时启用地面望远镜观测伽马暴发生后的余光。

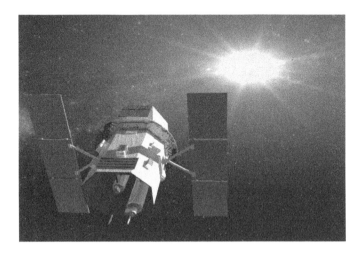

图 1.17　捕捉伽马暴的"能手"——"雨燕"卫星

"雨燕"捕捉到了人类迄今为止观测到的最遥远的伽马暴,那是一颗垂死的远古恒星在结束一生时发生的大爆炸。令人非常惊讶的是,这个伽马暴位于 130 亿光年之外的地方。我们知道,宇宙大爆炸发生在 137 亿年前,也就是说,当这个伽马暴发生时,宇宙仅仅诞生了 5 亿至 7 亿年,这表明,那颗死亡的恒星属于宇宙中最古老的恒星。

宇宙早期的情况是人们很想知道的,虽然现代望远镜可以看得很远,但来自早期宇宙的恒星的光依然不易被望远镜捕捉到,而伽马暴则为研究早期宇宙提供了机会,人们可以分解伽马暴发出的光,得到它的光谱,从而获得早期宇宙的大量信息。

伽马暴是宇宙中最奇妙的闪光,研究这种闪光可揭示宇宙,尤其是早期宇宙的大量秘密,所以 γ 射线太空望远镜也就成了太空望远镜家族中的重要成员。

第三节 透视宇宙的"射电窗口"

一、射电望远镜的兴起

太空望远镜在大气层之上,它们独特的"视线"揭示了宇宙的很多奥秘,但并不是所有不可见波段都需要在太空中观测,有些不可见波段的辐射是可以穿透地球大气层抵达地面的,所以多波段天文学的有些"窗口"还是建立在地面上,其中的一扇就是无线电波,它被称为"射电窗口",但发现这扇"窗口"的并不是天文学家,而是一位美国物理学家,他叫卡尔·央斯基,是贝尔实验室的电气工程师。

1931 年,央斯基在利用天线研究雷暴天气如何干扰通信信号时

发现了一个可能来自银河系中心的干扰源，他意识到，他检测到了一个来自遥远天体的无线电信号，这表明，宇宙中的天体也是有无线电辐射的。

央斯基的天线设备很简陋，但它探测到了天体的无线电信号，因此也就成了世界上最早利用射电波观测宇宙的天文设备——射电望远镜。

天体究竟有没有无线电辐射，这在当时是一个问题，因为此前谁也没有想到它们会发出强烈的无线电波，所以许多人对央斯基的发现持怀疑态度，但美国的另一位无线电工程师格罗特·雷伯却坚信央斯基的发现是真实的，于是他在自家的后院安装了一个天线，利用这个天线，他证实了央斯基的发现。这个天线的主体是一个直径约 9 米的金属抛物面，它有点像模像样了，可以说是人类第一架真正为天文观测而制造的射电望远镜（图 1.18）。

图 1.18　雷伯的射电望远镜

就这样，射电望远镜诞生了，它的出现为人类探索宇宙奥秘提供了重要途径。

二、类星体之谜

宇宙中有很多神秘的天体，在射电望远镜出现以前，人们已经用各种光学望远镜研究了它们，但射电望远镜出现后，人们发现其中的许多天体也发射无线电波，于是天文学家发现了越来越多有射电辐射

的天体，它们被称为射电源。

有些射电源很奇怪，它们看上去很像恒星，但又不像真是恒星，它们离我们极其遥远，而且还在以极快的速度远离我们，它们处在如此遥远的地方却能被人们探查到，说明它们具有极高的能量。它们是什么？为什么如此明亮又如此活跃？天文学家一时找不到答案，于是就把这种看似恒星，但又不是恒星的奇怪天体称为类星体（图 1.19）。

图 1.19 离地球最近的类星体

类星体是天文学上一个巨大的谜，即使在今天，人们对它们的认识也只是刚刚有了一点眉目。今天的很多天文学家都相信，类星体是活动星系的不可思议的核，正是对这个核和整个活动星系的描述才让人们看到了星系和宇宙演化的惊人真相。

那么什么是活动星系呢？所谓活动星系是相对于正常星系而言的。例如，银河系就是一个正常星系，这种星系很普遍，活动已趋于平静，而活动星系则存在着大规模的剧烈活动。天文学家发现，

活动星系的核其实很小，但光度却大得惊人，乃至于抢夺了天文学家的所有视线，他们经常将活动星系和活动星系核当成一种东西来谈论。

活动星系核为什么如此亮呢？现在的解释是，在活动星系中隐藏着一个高速旋转的"超大质量黑洞"，正是这个黑洞使活动星系有了极高的光度。由于黑洞的存在，黑洞周围的气体和尘埃便争先恐后地向黑洞中心坠落，导致活动星系中心部分的物质非常密集，温度极高，能量极大。当物质密集到一定的程度，且温度也升高到一定的程度后，这些密集的物质就要寻找逃逸的出口了，于是两道高能喷射粒子流从活动星系核的两端向宇宙空间喷射出来，类星体就这样被黑洞所"点燃"，它变得极为明亮，乃至于离我们如此遥远也能被望远镜观测到。

三、贝尔的星空

类星体是射电天文学的一个重大发现，它揭示了星系的发展历程，因为类星体其实就是正常星系的幼年阶段，代表了星系一生中最躁动不安的"青涩"年代。然而射电天文学的贡献还不只如此，因为它还发现了射电脉冲星，这个发现又使天文学家将超新星爆发和中子星联系了起来。

在脉冲星被发现以前，有科学家已经预言了完全由中子组成的致密星的存在。他们预言说，这种星由挤压在一起的中子组成，因此叫中子星。根据推算，中子星的密度高得惊人，直径只有几十千米，质量却比太阳还大。

这样的星是否真的存在？人们一直没有答案。直到预言产生了30多年后的20世纪60年代后期，一件偶然的事才让人们恍然大悟：

原来中子星在宇宙中真的存在啊！

事情是这样的。1967 年，剑桥大学的科学家安东尼·休伊什用一笔研究经费建成了一台射电望远镜。休伊什研究射电天文学，他要用射电望远镜搜寻类星体。这台望远镜是一组固定的天线，不能移动，只能随地球的运动扫描天空。此时，一位来自英国格拉斯哥大学的女研究生乔林斯·贝尔正在休伊什的指导下攻读博士学位，于是，24 岁的贝尔顺理成章地参加了这项工作，她每天使用这台射电望远镜扫描天空，并记录接收到的信号。这年夏天，细心的贝尔发现望远镜接收到了一种奇怪的信号，她把这个发现告诉了休伊什。一开始，休伊什并没有在意，他认为那是来自地球的某种"电波干扰"，然而很快，他和贝尔便都感觉到，这信号并非来自地球，而是遥远的宇宙太空。那些电波非常精准，有极快极规则的周期。于是，两人便有了新的推测，他们想，这精准的信号会不会是"小绿人"发出的？

所谓"小绿人"自然就是"外星人"了。当时人们已热衷于搜寻外星文明，人们相信，"小绿人"居住在某颗像地球一样的行星上，围绕他们自己的"太阳"旋转。贝尔和休伊什想，这些信号是否是"小绿人"在向地球"打招呼"呢？

四、原来如此

但很快，这个猜测也被推翻了，因为那年年底，贝尔发现了第二个相似的脉冲信号，此后又发现了另外两个。难道这么凑巧，有 4 个地方的"小绿人"都在同时给地球发信号？很显然，这种情况不大可能发生，于是休伊什和贝尔意识到，他们发现的是一种自然现象。

1968 年，两人公布了他们的发现，他们把这种奇特的射电源称

为"脉冲星"。他们说，脉冲星是宇宙中致密的天体，它们的体积极小，质量却大得惊人，它们就是人们曾经预言过的中子星。

那么，脉冲星是怎么来的呢？原来，当一颗有相当质量的恒星发生爆炸时，它的中心部分因反作用力而向内压缩，由此形成的压力大到足以使电子进入原子核，并与质子结合而成为中子，于是便诞生了一颗中子星。

中子星在体积缩小时转速会加快，同时释放大量能量，这种能量辐射会在中子星高速旋转时扫过地球，于是地球上的射电望远镜就能接收到脉冲信号，从而探测到一颗射电脉冲星的存在。

关于脉冲星，人们最熟知的是蟹状星云中的脉冲星，它是900多年前一颗超新星爆发的产物。当时，一颗恒星在金牛座爆炸了，蟹状星云就是那次爆炸留下的残骸，而那颗脉冲星则是恒星坍缩后留下的星核，即中子星，它高速旋转，发出奇异的快速脉冲辐射（图1.20）。

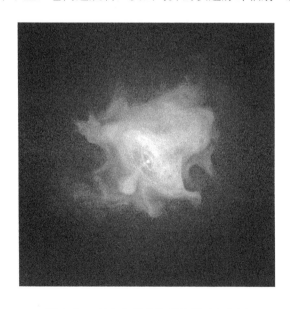

图 1.20 存在中子星的蟹状星云中心区

类星体和脉冲星的发现，是 20 世纪 60 年代射电天文学迅速发展起来后取得的巨大成就，它的另外两项重要成就是发现了宇宙大爆炸的微波背景辐射和弥漫于星际空间的星际分子，尤其是星际有机分子，这为解释生命的起源提供了崭新的视角。

五、射电望远镜的"联合舰队"

现在，让我们像倒放影片一样来回顾一下人类用望远镜观测宇宙的历史吧。开始的时候，我们看到的是现在的宇宙，有璀璨的恒星、星团、星系和星云，还有被它们照亮的行星和卫星。再往前，看到了它们的演化：超新星爆发、星系的碰撞和合并，它们在各种波段上向我们展现了令人惊异的壮丽图景。我们还看到在十分遥远的地方像焰火一样照亮宇宙的伽马射线暴，它们是宇宙早期恒星相互碰撞或发生爆炸时产生的光芒。那些星离我们是如此遥远，乃至于当年产生的闪光在宇宙中穿行了一百亿甚至一百多亿年后才在今天被我们看到。当然，还看到了类星体，发现了脉冲星和黑洞。至此，我们看到的是一个充满了光的宇宙。但再往前，当我们的视线延伸到 130 亿光年之前时，宇宙忽然倒退到了一个"黑暗的时期"，那时宇宙没有任何发光天体，唯一的"光源"是正在逐渐降温的宇宙微波背景辐射。

天文学家推测，在宇宙的"黑暗时期"，由于引力的不稳定性，宇宙中出现了一些"暗晕"，它们是暗物质聚集的团。"暗晕"吸收普通物质，启动恒星和星系的形成，在星系的产生和发展中扮演至关重要的角色，但这个过程具体是怎样的，人们还是知之甚少，许多描述也只是推测而已。

于是，人们便发明了射电望远镜阵列。射电望远镜阵列是射电望远镜的"联合舰队"，可以认为是一个由许多射电望远镜组合而成

的"超级射电望远镜"（图1.21）。

图1.21　阿塔卡玛毫米波射电望远镜阵列

　　射电望远镜阵列堪称史无前例的"时间机器"，它把天文学家带到了宇宙大爆炸后的早期宇宙，开始研究黑暗时期的宇宙状态、第一代发光天体的诞生和演化，以及现代物理学和现代天文学中最令人困惑的重大问题，可以说，射电望远镜阵列不愧为洞彻宇宙奥秘的"火眼金睛"。

　　就这样，望远镜把人们的视线延伸到了几十亿光年之外的遥远深空，它帮助人们认识宇宙的真相，摆脱愚昧的阴霾，使人类得以冲破思想的禁锢，成为自我命运的主人。通过望远镜观测太空成了人类有史以来最为杰出的一项成就。

　　千百年来，人们仰望苍穹一遍遍地追问：我们是谁？生命来自哪里？宇宙的边缘何在？一切是如何开始的？正是望远镜在帮助人们回答这些终极问题。

　　下面，让我们一起仰望星空，在领悟先贤们思想和智慧的同时，去感受星空的浩瀚和宇宙的神奇吧！

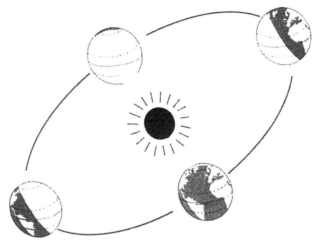

第二章

地球之外

第一节　看不懂太阳系

一、"诗意"的望远镜

话说伽利略有了天文望远镜后，他一面改善望远镜的性能，一面沉溺于星空观测。他看到金星有像月亮一样的相位变化，有时呈一个圆面，有时又弯如新月；他看到银河在望远镜中并不是雾蒙蒙的"气体"，而是一颗颗明亮的星星，原来银河由数不尽的恒星组成。

他也观测了月亮，绘制了月面图。他把月亮看成是一颗拥有海洋的星球，海洋就位于月亮上那些稍显阴暗的地方。

与伽利略同时代的开普勒也认为月亮上有陆地和海洋，还可能有生物，开普勒甚至认为那些生物就生活在月亮上那些很大的、近乎完美的圆形陨石坑中。

伽利略之后的埃德蒙多·哈雷也是一位观测星空的达人，他从牛津大学毕业后便远航到了位于南半球的圣赫勒纳岛，在那里建立了天文台，潜心观测星空。

1682 年，一颗彗星出现了。哈雷注意到，这颗彗星与 1607 年和 1537 年出现的彗星十分相像，且出现的时间间隔也大致一样，于是他断言，这三次出现的彗星是同一颗彗星。据此，哈雷预言了这颗彗星将于 1759 年再次出现。

果然，到了那一年，拖着长尾巴的彗星如约而至，它甚至在 1758 年年底就被性急的人们主动搜索到了，这就是著名的哈雷彗星（图 2.1）。这件事成了哈雷的"神来之笔"，人们一下子体会到了科学的神奇和伟大，哈雷也因此声名鹊起。不过他并没有看到他预测的彗星出现在夜空时的情景，因为那时他已经去世多年了。

图 2.1 哈雷彗星

哈雷对金星的观测也有了不起的想法，他写过一篇论文，文中提出借助金星凌日测算日地距离的设想。

当金星运行到太阳和地球之间时，从地球上观测，金星会像一滴墨点缓缓穿过太阳的表面，这就是金星凌日（图 2.2）。哈雷认为，从地球上的不同地点记录金星凌日开始和结束的时间就可以运用视差原理计算出地球和太阳之间的距离。

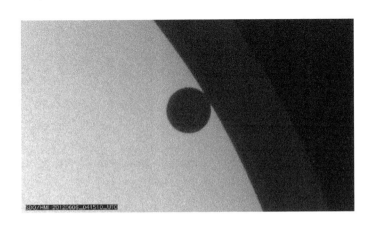

图 2.2　金星凌日

然而金星凌日太难得了，人们要等到 45 年后的 1761 年才能遇到。

二、迷上了金星和火星

1761 年，世界正处在"七年战争"的战火之中，烽烟四起，交通阻隔，远行很不方便。但为了观测金星凌日，科学家们还是行动了起来，他们组织了多支观测队远赴各地展开了一场大规模的天文观测。

也就是在那个时候，俄国天文学家罗蒙诺索夫将他的望远镜指向了金星，他注意到金星在接近太阳时周围有一圈明亮的环。罗蒙诺索夫由此认定，金星上有大气。于是金星上存在大气的秘密被发

现了，这给早期的观察者带来了无限的想象。他们认为金星是另一颗有着温暖气候的行星，和地球一样，那里有炎热潮湿的森林和覆盖全球的生活着大量生物的海洋。

今天我们知道，金星上的确有大气，而且非常浓密，但金星并不是宜人的世界，它的表面温度达到近 500 摄氏度，很难存在生物。

图 2.3 美国天文学家帕西瓦尔·罗威尔

相对于金星，人们对火星有着更多的奇想。那时有不少观测火星的"超级粉丝"，其中最著名的是美国天文学家帕西瓦尔·罗威尔（图 2.3），他出身名门，又是成功的商人，由于读了一本名为《火星》的书，罗威尔便迷上了火星，开始潜心研究一位意大利天文学家描绘的火星图。为此，他建立了自己的天文台，以极大的热情观测火星，宣布看到了火星上的"运河"，还声称有火星人。这个观点深入人心，影响久远。1938年，当英国作家威尔斯的科幻小说《世界大战》被改编成广播剧播出时，很多人都相信火星人入侵了地球。人们逃离家园以躲避火星人的进攻，这样的混乱持续了好几天。

在望远镜中，火星上有一些变动的暗斑。1947年，荷兰美籍天文学家杰拉德·柯伊伯借助红外探测技术发现火星上存在二氧化碳，这一发现激发了人们对那些暗斑的想象，许多人认为那是随季节生长的植物，并且推测，火星是一个温暖、潮湿，覆盖着植被的星球，拥有和地球一样的生机勃勃的世界。

今天我们知道，"运河"是望远镜分辨率太低和早期观测者"诗意想象"的结果，暗斑则是火星上的尘暴活动。火星没有随季节生长的植物，它的大气很稀薄，气候很寒冷，完全是一个荒凉的世界（图2.4）。

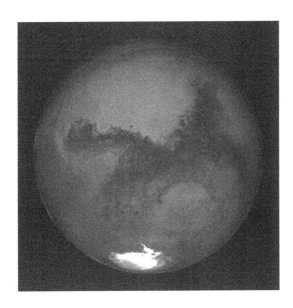

图 2.4　哈勃太空望远镜拍摄的火星

三、漂亮的"盘子"和"帽子"

图 2.5　木星和木卫一

在太阳系中，火星的外围有两颗很大的气体行星，它们是木星和土星。

在某些晴朗的夜晚，假若你有一架好一点的天文望远镜，便能欣赏到很美丽的木星，它看上去像一只彩绘的盘子（图 2.5），上面有与赤道平行的白色、黄色、红褐色的条纹和暗红色的斑块，最大的斑块叫"大红斑"（图 2.6），位于南半球，其大小相当于好几个地球。

图 2.6　木星大红斑

"大红斑"是卡西尼于 1665 年发现的，他是意大利人，后加入法国籍，是一名天文学教授，后成为巴黎天文台的台长（图 2.7）。

他将一台性能优良的望远镜从意大利带到法国，用它研究火星、土星和木星，发现了很多了不起的现象。

图 2.7　意大利出生的法国天文学家
乔凡尼·多美尼科·卡西尼

　　通过追踪木星上相对固定的移动标志，卡西尼测算了木星的自转周期。他发现木星自转得很快，自转一周不到 10 小时。由于自转快，木星出现了赤道地区隆起而两极之处扁平的现象，看上去像一只胖胖的南瓜。

　　"大红斑"被发现后，人们便不间断地用望远镜观测它，这个过程一直持续到今天。现在我们知道，"大红斑"是木星上的超大规模

气旋，是一场至少持续了接近 400 年的木星风暴，它一直在发生着变化。随着望远镜观测能力的提高，人们跟踪"大红斑"的变化也越来越方便。人们发现，"大红斑"处于快速旋转之中，平均 6 天旋转一周。几百年来，"大红斑"始终没有消失，面积却缩小了一半。

但大红斑并不是木星上唯一的气旋，只不过规模最大罢了。例如，进入 21 世纪后，人们在赤道附近发现了一个新的斑块，颜色为白色，几年后又演变成红色，只有"大红斑"一半大小，成了和"大红斑"相对应的"小红斑"。紧接着，哈勃太空望远镜又发现了第三个斑块。开始的时候，这个斑块也是白的，后来渐渐变成红色。"第三个红斑"更小，只有"小红斑"的一半，且存在的时间非常短。它曾一度向"大红斑"移动，好像试图从"大红斑"和"小红斑"中间穿过，但没有成功，只好停在两个红斑中间，终至和两个红斑发生相撞而解体，只留下了一些碎片。

在望远镜中，如果把木星看成彩绘的"盘子"，那么土星就是漂

图 2.8　土星像漂亮的"草帽"

亮的"草帽"（图 2.8），因为它有一个美丽的光环，人们在观测它时常常由衷地发出赞叹。1675 年，卡西尼发现土星光环中有一条空阔的地带，这就是"卡西尼缝"。"卡西尼缝"也成了人们用望远镜观测土星的重要目标。关于土星环，本书将在稍后章节中作专门讲述。

第二节　太阳系"扩大"了

一、兄妹观星

在那个望远镜的"诗意时代"，痴迷于星空观测的赫歇尔（图 2.9）也有自己的"诗意想象"，他在观测了月亮后也认为，月面上有道路、城镇、金字塔和一些"略带绿色"的区域。那"略带绿色"的东西是什么，虽然他没说，却也勾起人们无限的遐想。

图 2.9　威廉·赫歇尔

赫歇尔的天文生涯开始得很晚，在此之前，他只是一个乐师，16 岁便离开了学校，也没有受过正规的早期教育。"七年战争"时期，由于厌恶战争，他从出生地汉诺威流落到伦敦，靠拉小提琴和吹双簧管在异乡谋取生活。

赫歇尔是个喜好钻研和思考的人，他热爱音乐，有空便研习乐理、数学和其他学问，在这个过程中，他偶尔接触了一些光学知识，好奇心被一下子"点燃"了。在那个时代，人们对星空的认识非常模糊，各种说法莫衷一是，赫歇尔很想探明究竟。恒星是怎么回事？彗星是如何来的？宇宙有多大？星星有多少？这些问题一直困扰着他。

就这样，赫歇尔迷上了星空。由于当时望远镜观测能力不强，且价格昂贵，赫歇尔便决定自制望远镜。要知道，那时他已是三十多岁的人了，又没有自制望远镜的专业知识，只能靠一边实践一边摸索。不过，赫歇尔有强烈的好奇心和求知欲，有持之以恒、不畏失败的品格，还有一位亲密的伙伴和助手，那就是他的妹妹卡罗琳。

在赫歇尔家，卡罗琳是六个兄妹中排行最小的，年龄比哥哥威廉·赫歇尔小 12 岁。1772 年，卡罗琳也来到英国，第二年，他们便开始自制望远镜。自制望远镜的关键步骤是制造镜片，这是非常枯燥和精细的工作，要先铸造一个金属镜坯，然后仔细打磨使之成为一片精密的反射镜片。

经过一次次的失败和重新开始，赫歇尔兄妹的第一架望远镜诞生了。此后，他们的望远镜越做越大，也越来越精良。有了望远镜，兄妹俩便决定从事一项人们从未做过的事情，那就是用望远镜把天

上的星星全部巡视一遍。

赫歇尔兄妹的"巡星"持续了大约 20 年，其中还包括"数星星"，这可不是一件容易的事，即使在今天也并不轻松，但赫歇尔兄妹还是满怀热情地干起来。他们将天空划分成许多区域，然后逐一观测其中的恒星。不论天有多冷，人有多累，只要天空晴朗，兄妹俩便会在夜空下与繁星"聚会"，这是人类历史上第一次规模宏伟的"巡天"伟业。

夜深了，人们都已睡去，城里一片寂静，赫歇尔兄妹还在星空下忙碌着。他们就这样送走了一年又一年，此时赫歇尔已经 43 岁，卡罗琳也 30 出头了。他们在繁忙中迎来了 1781 年。

二、原来是一颗行星

这年的 3 月 13 日，赫歇尔一如往常地将望远镜对准指定的天空。突然，一颗略感异样的星星闯进了望远镜。所谓略感异样，是因为这个天体呈蓝绿色，显得有些陌生，更为重要的是，当赫歇尔换上更大倍率的目镜观测时，它呈现了一个小小的圆面，这表明这个天体不是恒星。在望远镜中，不论倍率多大，恒星始终是一个亮点。

接下来的几天里，赫歇尔继续观测这颗星，他发现这是一颗能"行走"的星，即它在星空中的位置发生了移动，这更加证明这个天体不是恒星，因为恒星离我们极为遥远，它们的"行走"是不易被察觉的。

开始的时候，赫歇尔自认为发现了一颗彗星。他把这个消息作了公布，其他人也开始观测这颗星。然而彗星是长尾巴的，它们的运行也有自身的特点，但从这颗星的情况看，它的特征与彗星完全

不符。于是，人们惊呆了，他们终于明白，赫歇尔发现的是一颗行星！原来太阳系里还有第七颗行星！后来人们把这颗星命名为天王星（图 2.10）。

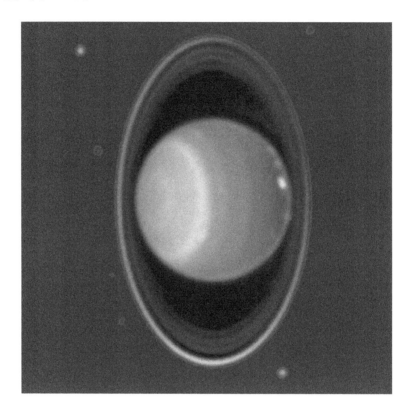

图 2.10　哈勃太空望远镜拍摄的近红外图像，显示了天王星的云带和环

　　长期以来，人们对头顶上的星空从未产生怀疑。人们坚信，水星、金星、火星、木星和土星是星空中明亮的"行星"，再加上地球就是太阳系中行星的"全体成员"。至于土星的外围还有什么？是否还有其他行星？很少有人发出这样的疑问。

　　在没有望远镜的时候，用肉眼难以发现新的行星，但望远镜出现后，在大约长达 170 年的时间里，为什么太阳系的"疆域"还是

没有得到延伸呢？是人们没有观测到天王星吗？

答案是否定的。有研究显示，早在 1690 年，天王星就被英国天文学家约翰·弗兰斯蒂德观测到了，但这位天文学家把它当成了恒星，这使得天王星有了一个"金牛座 34"的恒星编号；1750 年，这颗星又被法国天文学家皮埃尔·夏尔·勒莫尼耶注意到，在以后的近 10 年间，这位天文学家先后十几次反复观测了这颗星，但每次都确信它是一颗恒星。

天王星在天幕上的运行很慢，看上去的确很像恒星，但天王星的一次次"漏网"不能不说与思维的僵化有很大关系。当时的人深信太阳系是固定不变的，天上的行星是不会增多的，这使得天王星被一次次当成了恒星而"蒙混过关"，直到赫歇尔遇到了它。

赫歇尔的发现一下子把太阳系的疆域扩大了一倍，轰动了全世界。赫歇尔本人也声名大噪，从此不再当乐师而是专心于天文学研究，成为一名伟大的天文学家。

三、都是风暴世界

天王星被发现后，人们注意到它的轨道与根据牛顿力学理论推导的情形并不一致。是不是另有一颗行星影响了它的运行呢？1846 年，35 岁的法国数学家勒维耶计算出了那颗假想行星的位置和质量，并说服柏林天文台的天文学家伽勒用望远镜搜寻它。于是，海王星被发现了（图 2.11），它所处的地方与勒维耶预测的位置相距不到 1 度。这件事也成了科学史上一段久谈不衰的佳话。

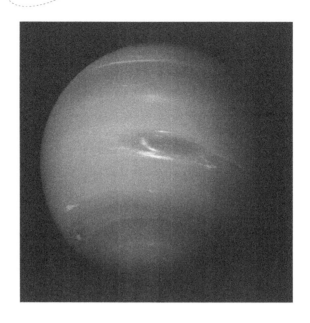

图 2.11 海王星

勒维耶于 1877 年逝世于巴黎，他墓碑的顶端被设计成一颗星球

图 2.12 勒维耶算出了海王星的位置，被誉为"用笔尖发现了星球的人"

的模样，人们称他是"用笔尖发现了星球的人"（图 2.12）。那一天，即伽勒用望远镜找到海王星的 1846 年 9 月 23 日，也被人们称为牛顿力学的"最辉煌的一天"。假若没有望远镜的精确观测，勒维耶的计算也得不到证明。

现在我们知道，天王星和海王星都是气态行星，与木星和土星很相似，其特点是离太阳比木星和土星远，体积适中，都是望

远镜出现后被发现，有一个坚硬的岩核，大气的主要成分为氢、氦、甲烷和氨。

在望远镜中，天王星呈现蓝绿的颜色，这是天王星的"名片"，是其大气显示的颜色。然而望远镜还发现了更多的秘密，原来蓝绿的平静之下隐藏着狂躁的风暴世界。在望远镜中，那些风暴显现为明亮的斑块。人们估计，在天王星的大气中，风速时常达到每小时900千米。

和天王星一样，海王星上的大气也是不安定的，那里的风甚至达到每小时1 400千米。和这种风比起来，地球上的台风只能算着拂面的微风而已。人们还发现海王星上有一块大黑斑，其直径与地球相当，性质与大红斑相同，是一块高压气旋，移动速度约每秒300米。1994年，哈勃太空望远镜发现海王星的大黑斑消失了，几个月后，北半球又出现了新的大黑斑。在如此短暂的时间里大黑斑失而复得，可见海王星的大气也是动荡不安的。

四、两代星缘

前面说到罗威尔痴迷于火星运河，为此还建立了自己的天文台。他把天文台建在亚利桑那州干燥的沙漠中，那里观测条件非常好。1894年，正值火星离地球很近的时候，罗威尔天文台落成。此后十几年，罗威尔便一头扎进对火星运河的研究中，他拍摄了几千幅火星照片，描绘了200幅画有运河的火星图画（图2.13）。但现在我们知道，火星运河只是想象加错觉的产物，也肇因于望远镜的分辨率太低，其实那应该是排成长串的陨石坑，不过这一点是人类进入了太空时代后才搞清楚的。

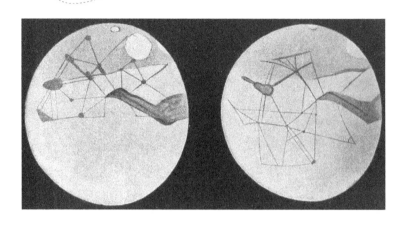

图 2.13　罗威尔绘制的火星，上面有整齐的运河

当发现海王星的消息传到了罗威尔那里后，这位资深的火星粉丝便再也无法安心地研究火星运河了。他想，既然天王星之外存在海王星，那么海王星之外难道就没有其他行星吗？他认为一定是有的，于是他把这颗假想的行星暂时称为 X 行星，他用望远镜在天空中搜索，还计算了 X 行星的位置，这样的工作持续了很长时间。然而遗憾的是，像他的火星运河一样，他对 X 行星的努力同样毫无结果，所有心血都付诸东流。

1916 年，罗威尔带着遗憾离开了人世。他的火星运河没有被世人接受，他寻找 X 行星的努力也半途而废了，只留下了罗威尔天文台，这个天文台一直到现在还在发挥作用，而罗威尔天文台的后继者们决心实现他的遗愿，那就是找到 X 行星。

罗威尔去世的时候，在美国堪萨斯州的一个农场里生活着一个喜欢观察星空的农家男孩，他只有 10 岁，叫克莱德·汤博。13 年后，这个小男孩长大成人，他需要一份工作，于是向罗威尔天文台递交了一份求职申请。申请中，他自制望远镜的经历打动了罗威尔天文台的负责人，这一年是 1929 年，汤博来到了罗威尔天文台，他

的第一项工作就是搜寻 X 行星（图 2.14）。

图 2.14　克莱德·汤博

　　寻找行星不是一件浪漫的事，相反非常乏味，尤其在汤博的那个时代，由于设备的落后，所有工作都要手工完成。

　　在接下来的整整一年时间里，汤博把望远镜对准选定的天空重复拍照，然后将不同时段拍下的同一天区的照片进行仔细对比以寻找类似于行星的移动的物体。

　　那移动的物体时常非常暗淡和可疑，汤博要将它们从布满繁星

的背景中找出来，然后加以甄别，这一过程需要超常的耐心和细心。

然而汤博做到了。1930 年 2 月 18 日，他终于发现了那个小点，那个他要寻找的 X 行星。

五、小女孩伯尼

消息很快传到英国。1930 年 5 月的一天，一个年仅 11 岁的英国小女孩维妮蒂娅·伯尼在吃完早餐后告诉她的爷爷说，她觉得那颗新发现的星星应该叫"普路托"，于是小女孩的爷爷给罗威尔天文台发了一封电报，转达了小女孩伯尼的建议。

普路托是死亡之神，希腊神话中的冥王，人们觉得"普路托"这个名字非常适合这颗在幽暗的轨道上运行着的行星，而且这个词的前两个字母正是罗威尔的姓名缩写。

就这样，天文学家一致同意了小女孩伯尼的建议，将那颗当时被认为的太阳系第九大经典行星定名为"普路托"，在汉语中，它被译为"冥王星"。

时间过得飞快。2006 年是汤博 100 周年诞辰。这年 1 月 19 日，人们向冥王星发射了一艘探测器"新地平线号"，这艘飞船要用约 10 年时间飞往冥王星，它携带的仪器将分析冥王星的大气组成，确定冥王星是否拥有光环，研究和发现冥王星的卫星，还要拍下清晰的照片。

在"新地平线号"上，人们将汤博的一部分骨灰放在了一只容器里。这位天文学家发现冥王星时只有 24 岁，此后终生痴迷星空，还发现了十几颗小行星。和罗威尔一样，汤博也非常好奇，总是声称一些稀奇古怪的发现，如飞碟、火球之类，他逝世于 1997 年 1 月 17 日，享年 91 岁。

人们还在"新地平线号"上安装了一个探测星际尘埃的"尘埃

计数器"，这是美国航空航天局第一次在一个行星探测任务中使用了由学生们研制的仪器。为了向为冥王星命名的伯尼表示敬意，人们将这个仪器命名为"维妮蒂娅·伯尼学生尘埃计数器"。时年87岁的伯尼闻讯后说，"我做梦也没有想到时隔这么多年人们依然记得我，还向冥王星发射探测器，这真太不可思议了。"这位当年的小伯尼享年90岁，2009年4月30日在英格兰辞世。

第三节　行星周围

一、发现卫星的历程

那么冥王星究竟是一颗怎样的行星呢？在它刚发现时，这个问题并没有搞得很清楚。开始的时候，人们以为冥王星的直径有6 000～10 000千米，但经反复观测论证后才明白它的直径只有2 300千米，比月亮还小。

冥王星有一个偏心率很高的公转轨道，由于它比任何一个大行星都靠近太阳系的边缘，所以每绕太阳运行一周需要248年，这就是说，自冥王星被发现到现在，它只在公转轨道上运行了大约1/3圈。在这段时间里，望远镜的性能有了很大提高，而人们也一直在用望远镜继续探索着这颗神秘的星球。

冥王星的第一颗卫星是1978年发现的，这就是冥卫一。发现者是美国海军天文台的天文学家詹姆士·克里斯蒂。克里斯蒂为它取名为卡戎，这个名字来自希腊神话中一个摆渡亡灵到冥王地界的神。

奇怪的是，虽然冥卫一并不大，但作为一颗卫星，它又大得和冥王星不成比例，而且它们的关系很像是一对相互绕对方运行的双星（图2.15）。

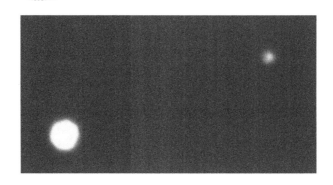

图 2.15 冥王星（左）和它最大的卫星冥卫一

2005～2013 年，哈勃太空望远镜又逐渐发现了冥王星的其他 4 颗新卫星，这样一来，人们便在冥王星的周围发现了 5 颗卫星，不过相比较而言，后发现的卫星都比冥卫一小得多。

令人不解的是，冥王星那么小，为什么还拥有不少卫星呢？有人推测，冥王星有可能遭遇过一次撞击，这使它的周围产生了不少碎片，演变成了一个卫星群。事实上，类似的事件可能在地球和火星上也发生过。有人认为，地球的卫星月亮和火星的两颗卫星火卫一和火卫二也是在撞击中诞生的。

其实在太阳系中，靠近太阳的固体行星，即水星、金星、地球和火星，拥有的卫星很少，有的完全没有卫星。绝大多数卫星存在于太阳系外围的气体行星周围。

1610 年 1 月 7 日是人们首次用望远镜发现卫星的日子，那一天，伽利略把他的望远镜对准木星，他看到木星旁边有三个亮点，过了几天，又发现了第四个亮点。这四个亮点就是木星的四颗最大的卫星，是人们用望远镜发现的第一批卫星，被称为"伽利略卫星"。从此，人类走上了用望远镜发现卫星的历程。

19 世纪末，美国天文学家威廉·皮克林用一架装了底片的望远镜发现了土卫九，这是人们使用照相术发现的第一颗卫星，也是在太阳系中

发现的第22颗卫星。从此以后，许多更小更远的卫星被相继发现。

进入航天时代后，望远镜与照相机又被探测器带到了太空中，人们对卫星世界的了解有了前所未有的深入。

随着观测和研究的深入，人们认识到，卫星的世界丰富多彩，瑰丽神奇，其复杂性和多样性绝不逊色于行星，它们有的炽热如火，有的冰天雪地，有的循规蹈矩，有的特立独行，这使得人类对太阳系有了更加深刻的认识，也为天文学家研究更加遥远的星球提供了生动直观的"范本"。

现在，让我们借助望远镜走进卫星的奇妙世界，去感受大自然带给我们的震撼与神奇吧。

二、了不得的卫星世界

木卫一又叫艾奥。在望远镜中，你会看到它离木星最近，颜色最艳，其上斑点密布，色彩纷呈，仿佛一颗五色的彩珠，又仿佛一张烤熟了的匹萨饼（图2.16）。

图2.16 火山王国木卫一像一张烤熟了的匹萨饼

木卫一为什么如此鲜艳呢？原来它是一个火山世界，那里烟柱冲天，熔岩遍地，地表被不断更新，显得十分鲜艳。

截至目前，在太阳系中，人们只发现两颗星球上有活火山在喷发着炽热的熔岩，一颗是木卫一，另一颗就是我们的地球，但木卫一喷出的熔岩量是地球火山喷出物的 100 倍，它是真正的火山王国。

紧挨木卫一的是木卫二，又叫欧罗巴，是"伽利略卫星"中离木星第二近的卫星，其大小和月亮差不多。木卫二的地表也很年轻，只有很少的陨石坑，表面冰层覆盖，光洁平整，很像地球上冰冻的海面（图 2.17）。

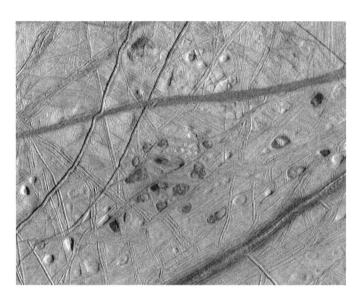

图 2.17　木卫二的表面很像地球上冰冻的海面

人们推测，木卫二的冰下真的是一个浩瀚的海洋，这个海洋在木星系统巨大潮汐力的作用下保持着液态。

除木星外，土星也有"海洋"卫星，它们是土卫二和土卫六。在土卫二上，人们发现了间歇泉，泉中的水汽夹杂大量冰粒一直喷

射到了 430 千米以外的太空。土卫二的地下也被认为存在液态水体，它可能是盐湖、水库，也可能是一个地下的海洋。

土星真正的"水世界"要数土卫六（图 2.18），它的上面河湖密布，水面辽阔，最大的水面相当于地球上的里海，但那"水"是液态的碳氢化合物，主要是甲烷和乙烷。在土卫六的大气中，这些"水"可以蒸发，凝结，降雨，形成蔚为壮观的大循环。

图 2.18 土卫六是一个"水世界"

在望远镜中，土卫八是个"阴阳脸"，它的一面黑如沥青，另一面亮如白雪。原来，这奇怪的"阴阳脸"是冰的迁移造成的。由于冰的迁移，土卫八的一面失去水冰，露出了黑暗物质，所以是黑的；

另一面得到水冰，很明亮，所以是白的。远远看去，它的两个半球一黑一白，便呈现出明显的"阴阳脸"了。

土星之外的天王星和海王星都拥有不少卫星，其中以天卫五的外表最为奇特，它由冰和岩石组成，其上凹槽遍布，峡谷纵横，一眼望去，尽是峭壁和深坑，给人以满目疮痍之感。

海卫一和海卫二是海王星卫星中的"老大"和"老二"。"老大"是逆行卫星，即公转方向和自转方向相反，"老二"的轨道极为偏心，像太空中的"过山车"。这哥俩儿可谓太阳系中最"特立独行"的卫星。

三、给月亮"点个赞"

如果要在太阳系卫星中评选一颗"最美卫星"，那当选的自然就是月亮了。在古希腊神话中，月亮女神乘银色马车，戴半月金冠，披飘逸轻纱，常从海上缓缓升起，将银辉散满苍穹，真是尽显了明月的风采。在我国，月亮寓意美好、圆满和思念，是最能入诗入画的风景。"海上升明月，天涯共此时""露从今夜白，月是故乡明""野旷天低树，江清月近人"这些耳熟能详的诗句真如朗朗清光，照彻了世代炎黄子孙的心扉。

望远镜出现后，月亮在人们的视野中便又增添了另外一种不同的美。在晴朗的夜晚，只要你拥有一架普通的天文望远镜，就能欣赏到那种美。你看到月亮上有大小不一的陨石坑、明亮平展的月面和稍显阴暗的"月海"。假若你有足够的耐心，你还可以从新月看起，一直看到满月，月亮上高高低低的地势在倾斜的阳光中凸现出来，显得分外清晰。那凝固在时光中的"月上风光"会令你惊叹不已，浮想联翩。

月亮是一个充满谜团的星球，它是怎么来的？它上面有水吗？它对地球和地球上的生命产生了怎样的影响？这些都是人们很想弄明白的问题。人们猜测，月亮可能是地球和另外一颗原始星球发生了碰撞后的产物。碰撞产生的碎片在地球的附近形成了月亮。那次碰撞大约发生在 45 亿年前。假若你能穿越到那个时候站在地球上仰望月亮，你一定会惊讶得叫出声来，因为那时的月亮离地球非常近，你会觉得它比现在的月亮大了 300 倍！

月亮上是否有水是人们一直很关心的问题，因为这对月亮的开发利用至关重要。今天，人们已经在月极的陨石坑、月壤和月岩中分别找到了水，不过它们隐藏得很深，获取它们需要特殊的技术，所以要想在月球上利用水也并非易事。

图 2.19　嫦娥探月工程堪称中华民族现实版的
"嫦娥奔月"。图为着陆月面的玉兔号月球车

目前，如何研究和开发月球是人类面临的重大难题，在这方面，我国的嫦娥探月工程正在向世人昭示中国人非凡的智慧和无穷的创造力。嫦娥探月工程堪称中华民族现实版的"嫦娥奔月"（图 2.19），

具体地说，就是使用"嫦娥"系列探月飞船对月球实现环绕、着陆和采样返回三个阶段的系列探测。这是一次精彩绝伦的"三级跳"，每一跳都意味着大跨度的迈进。事实证明，我国在月球探测方面的发展能力绝不输于任何航天大国。

今天我们知道，月亮不仅堪称太阳系中的"最美卫星"，它对地球生命的存在也是至关重要的。有人认为，早期的月亮对地球施加了巨大潮汐力，正是这种力量引发了海水有力地冲刷大陆，使海洋充满了来自陆地的矿物质，从而把早期地球的海洋变成了得以诞生生命的"原始汤"；还有人认为，正是诞生了月亮的那次惊天一撞，给地球带来了充足的热量，从而制造了一个保护地球生命的磁场，也就是说，没有月亮的诞生，地球的命运很可能类似现在的金星和火星。另外，月亮还稳定了地球的自转轴，使地球的气候保持平稳和温和，地球上的生命才能如此欣欣向荣。所以说，我们的月亮不仅美丽无比，还是护卫地球生命的慈爱"女神"，让我们为它"点个赞"吧。

四、镜中靓环

在行星的周围，除了有卫星外，人们还发现了行星环，而最为人熟知的行星环就是土星环，它是人们观测星环的最佳目标，也是研究星环现象的最佳"标本"。

在不少科幻小说中，人们描述了外星人对土星环的惊讶，他们看到壮丽无比的土星环十分诧异。现在看来，科幻作家的描写是很有道理的，因为到目前为止，人们还没有在太阳系外找到漂亮的行星环。是它们很难发现，还是非常稀少呢？

图 2.20 土星环很明亮

在望远镜中，土星环很明亮（图 2.20），所以有人便认为土星环非常年轻，他们想，假若土星环也像土星一样存在了几十亿年，那它巨大的环面一定会因年岁的久远而沾上不少灰尘，它看上去应该很黑很脏了吧。

所以有一段时间，人们认为土星环大约形成于几亿年前，那时的地球正处在恐龙时代。人们推测，当时太阳系发生了一件偶然的事：一颗月亮大小的天体靠近了土星，在潮汐引力的作用下，它被撕裂了，碎片环绕土星，形成了土星环。还有人认为，土星环是一颗小行星撞上土星的一颗卫星后形成的，撞击后的碎片形成了土星环。

不管怎么说，这些人都注意到，望远镜中的土星环洁净如洗，不像有太多陈年的污垢和岁月的陈迹，所以土星环应该很年轻。事实上，这个观点很有道理，万物都会随着时光的流逝而变得陈旧，

土星环也不例外，当它那巨大的环面扫过太空时，环面上确实会染上不少灰尘，它们有些是来自太空中的星际尘埃，有些是来自彗星和小行星的碎片，所以从外观上看，假若土星环已经存在了几十亿年，它确实不应该那么新了。

土星环究竟老不老，这是"卡西尼号"土星探测器抵达土星后才有了答案的。原来土星环很粗糙，其中的物质大小不一，有些细如沙粒，有些大如巨石，它们在循环中把来自宇宙的污物稀释和吸收掉了，所以土星环并不暗淡，但它依然古老，应该有 45 亿岁的高龄了。

土星环的内侧多尘埃，外侧以水冰为主，主环有好几个，但事实上，土星环可以说多得数不胜数，仿佛一张巨大无比的密纹唱片，其上的光环成千上万，不可胜记。

除土星环外，天王星和海王星也有环，人们甚至发现了木星环。有一种假设认为，地球也曾经有过自己的环，这个环由微粒构成，大约存在了一二百万年，后来由于种种原因，如陨石的冲击和太阳风的吹拂，这个环渐渐消失了。由此可知，星环在宇宙中也许并非稀罕之物。

第四节　柯伊伯的世界

一、彗星来源之谜

冥王星的轨道绝大部分远在海王星之外，离太阳非常远，从那里看太阳，太阳只是一颗明亮的星星而已。

那里的世界是怎样的？人们一无所知，而有一个人很想了解那里的一切，他就是荷兰美籍天文学家柯伊伯。

柯伊伯 1905 年出生于荷兰。在他幼年时期，人们对彗星既好奇又害怕。1910 年，当哈雷彗星再次回归时，人们的恐惧达到高潮，因为那一次，哈雷彗星的尾巴将扫过地球，许多人相信彗尾有毒，还传言它会把地球扫得粉碎，于是有人购买防毒面具，有人吃所谓的防毒药丸，还有人自杀。

终于，1910 年 5 月 19 日到来了。那一天，哈雷彗星庞大的尾巴果然扫过了地球，但什么可怕的事也没有发生。只见那壮观的彗尾在夜空中逐渐展开，然后弥散开来，尾巴也转向了另一个方向。

柯伊伯对彗星充满疑问，对太阳系中遥远的天体很感兴趣。他大学毕业几年后去了美国，此后潜心研究太阳系，有了很多发现。比如前面提到，他发现火星上存在二氧化碳。他还发现了天卫五和海卫二。他研究了冥王星，认为冥王星的自转周期是 6.4 天。就这样，柯伊伯的视线聚焦到了海王星之外那片幽深黑暗的地带，那里与彗星有何关系呢？

现在人们知道，彗星是一种冰冻的天体，通常拥有一个偏心率很高的椭圆轨道。当它们从太阳附近飞过时，太阳的热量会加热它们的表面，其上的物质会蒸发掉一些，太阳的光压和太阳风把这些物质推向远离太阳的地方，从而形成彗尾，也就成了我们看到的彗星。

多数彗星会回归，但回归的周期很不相同，有的周期长，有的周期短。周期长的彗星可以达到几百年甚至几千年，如海尔-波普彗星的周期就达 3 000 年；周期短的彗星可以只有几年，还有些彗星只是太阳的"过客"，它们掠过太阳后就再也不回来了。

彗星每一次经过太阳都要挥发掉一些表面物质，而短周期彗星由于周期短，它们接近太阳的频率就高，每一次接近，它们的表面物质就会失去一些，寿命也缩短一点，如此一来，短周期彗星的寿命就很短。假若太阳系中过去存在短周期彗星，则它们应该慢慢减少，终至消亡，但为什么至今还有新的短周期彗星让人们发现呢？

于是，柯伊伯提出了一个解释短周期彗星来源的"猜想"。他认为，在海王星轨道之外存在着一个彗星的"大本营"，大量冰状天体呈带状分布在这个"大本营"里，它们时不时地进入到太阳系的内侧，成了"短周期彗星"。正因为如此，人们才能够源源不断地发现新的短周期彗星。

二、终于找到了

柯伊伯的这个解释是建立在猜想的基础之上的，所以人们称之为"柯伊伯的猜想"。这个猜想正确吗？要回答这个问题，就得依靠望远镜。

1987年，两位美国天文学家大卫·朱伊特和简·卢开始用望远镜搜索海王星轨道之外的天空。5年之后，这两位科学家有了第一项收获，他们在比冥王星还要遥远的地方发现了一个天体，直径达250千米，算是不小了。

这以后，天文学家便在那个地带发现了越来越多类似的天体。这说明，在海王星轨道之外，冥王星并不是唯一较大个头的天体，柯伊伯猜想的那个"彗星大本营"看来是的确存在的。按照柯伊伯的说法，那些天体是太阳系的"遗留物"，它们无法黏结成一颗大行星，只好以大行星"原材料"的形式在太阳系黑暗的边缘幽灵般的游荡。

从地球上观测，很难确切地知道那些天体是由什么组成的，它

们很像是冰块、岩石和尘埃的混合物。由于它们存在于柯伊伯预测的那个带状的"彗星大本营"里，人们就称它们为"柯伊伯带天体"（图 2.21）。

图 2.21　一个远离太阳的"柯伊伯带天体"

那时候，不断有人参加到搜索"柯伊伯带天体"的队伍中来，其中以美国加州理工学院的行星科学家迈克尔·布朗最为"强悍"，他和他的同事们不断发现"柯伊伯带天体"。2002 年，他们在海王星轨道外又发现了一颗直径达 1 250 千米的天体，取名为"侉瓦尔"。很显然，"侉瓦尔"的直径正在逼近冥王星。

布朗他们的工作和当年的汤博并没有什么两样：把望远镜对准指定的天区重复拍照，只有行星、小行星和彗星会在照片上呈现移动的亮点，假若出现了新的移动的物体，那就预示着可能有所发现。

然而，布朗已经不再需要像汤博那样守在望远镜前一张张地拍

照和对比了，因为他的望远镜是一个能自动处理一切的机器人，那上面 1.71 亿像素的照相机能自动记录来自遥远天体发出的光并将数据自动存储在计算机里。

三、"冥王"有点烦

时间转眼就到了 2003 年，那年 11 月 13 日晚上，布朗和往常一样，设定好他的望远镜后便回到他位于洛杉矶的家了。

第二天早晨，布朗来到他所在的加州理工学院上班。他来到办公室，打开电脑，此时望远镜的观测数据已通过互联网传到他的办公室，计算机程序开始对 3 张不同时段拍摄的照片进行分析，他看到屏幕上一个不寻常的光点在黑暗的夜空中缓缓移动……

布朗就这样发现了一颗正在距地球 130 亿千米的地方向着太阳缓缓接近的天体，它来自太阳系寒冷的边缘，比冥王星小，却比冥王星遥远得多。

消息很快传开去，人们议论纷纷。这个天体的直径有 1 800 千米，比冥王星小不了多少，于是有人认为，布朗发现了太阳系中的第十大行星。

然而布朗不这么认为，他给这个天体取名为"塞德娜"。布朗认为，"塞德娜"不宜登上"第十大行星"的宝座，因为在"塞德娜"之后，人们还有可能发现这样的天体，而且个头可能更大。

这就是说，假若"塞德娜"成了第十大行星，那么第十一大行星，十二大行星就有可能接二连三地出现，而这些"行星"很可能都和冥王星差不多大小。布朗认为，这是不合适的。事实上，很多天文学家也都这么看。

然而，假若不将"塞德娜"定为第十大行星，那么冥王星的行

星地位就危险了，因为将来很有可能发现一颗个头超过冥王星的天体，到那时，人们就要作出一个决定，要么让那个天体成为太阳系中的大行星，要么把冥王星也不归为大行星。

于是，这场搜索"柯伊伯带天体"的大行动终于触动了威严的"冥王"，它会从"太阳系第九大行星"的宝座上跌落下来吗？

第五节　"塞德娜"归来

一、"厄里斯"驾到

是的，这一天在 2005 年年初就匆匆地来临了。

这年的 1 月 5 日，布朗发现了一个引人关注的天体，它就是"厄里斯"。厄里斯是希腊诸神中代表争吵、冲突和无序的神，她最有名的故事是挑起三位女神争夺金苹果从而引发了特洛伊战争。

"厄里斯"的直径为 2 400 千米，比冥王星足足大了 100 千米，它成了自 1846 年海王星发现以来人们在太阳系中发现的最大的天体。

终于，决断的时刻来到了。2006 年 8 月 24 日，国际天文学会通过投票作出最后决定，宣布冥王星不是一颗大行星。他们说，冥王星没能清除自己轨道附近的天体，按照新的行星定义，这样的天体不能拥有大行星资格。2007 年，中国天文学会名词委员会通过决议，将"厄里斯"的中文名称定为"阋神星"。

就在冥王星失去大行星资格的时候，冥王星探测器"新地平线号"已在太阳系中以不低于每秒 16 千米的速度飞行了七个多月。2006 年 4 月 7 日，它成功穿越火星轨道；6 月，进入火星和木星之间的小行星带；8 月 29 日，也就是冥王星被宣布失去行星资格的 5

天以后，它拍摄并传回了首批照片。

"新地平线号"是有史以来飞行速度最快的航天器。按照计划，它在考察完冥王星系统后将进入"柯伊伯带"以考察一两个"柯伊伯带天体"。"新地平线号"的探索目标是太阳系最遥远幽深的黑暗地带，这是望远镜出现近 400 年来，人类延伸得最为遥远的一次太空行动，它预示着一个太阳系探索的新时代正在来临，在这个新时代里，人们将触摸太阳系的边缘，揭示太阳系起源的奥秘，书写太阳系故事的新的传奇。

然而冥王星却从它的行星宝座上跌落了下来，许多人为此惋惜。

其实冥王星的"陨落"并不代表它降低了价值，恰恰相反，冥王星可以说是人们认识到的第一个"柯伊伯带天体"，它把人类的视线引向了海王星之外那更加辽阔深远的太阳系边缘，这使它拥有了与大行星迥然不同的独特价值。

二、女神的传说

前面说到，布朗在 2003 年发现了"塞德娜"，许多人认为它应该是太阳系中的"第十大行星"，但布朗不同意，他分析了这个天体的运行轨道，然后给这个天体取名为"塞德娜"。

为什么叫"塞德娜"呢？

原来，"塞德娜"这个名字来自因纽特人的一个古代神话。传说塞德娜是个漂亮的姑娘，她自信凭借自己美丽的容貌不愁嫁给任何人，于是便一次次地拒绝了前来求婚的猎人。终于有一天，她父亲对她说，"塞德娜，我们没有吃的了，你需要一个丈夫照顾你，下一个猎人来求婚的时候，你必须答应他。"

很快，父亲便看到一个猎人走了过来，他穿着毛皮的衣服，似

乎很富裕，只是脸被包裹着看不清。于是父亲对那猎人说，"假若你想找一个妻子，我倒有一个漂亮的女儿，她会烹煮和缝纫，我知道她会成为一个好妻子的。"

就这样，塞德娜被极不情愿地放上了猎人的独木舟驶向她的新家。他们来到一个荒岛上，那里只有岩石和峭壁。猎人扯下头巾，露出邪恶的笑，他不是塞德娜想要的爱人，而是一只伪装的大乌鸦。

塞德娜无法逃跑，她被带到一个光秃秃的绝壁上，她的新家只是坚硬岩石上的一些兽毛和羽毛。塞德娜非常悲伤，她的哭喊声被咆哮的北极风带到了父亲那里。父亲内疚不已，他划着独木舟找到塞德娜并载她离开了小岛。

然而大乌鸦追了上来，它搅起巨浪欲把小船掀翻。父亲害怕了，他把塞德娜扔进海里，对那乌鸦叫道，"把你的妻子带回去吧，不要伤害我！"

水中的塞德娜想爬上父亲的小舟，然而父亲吓坏了，他用船桨击打塞德娜，打断了塞德娜冰冻的手指和手臂。它们沉到海底，手指变成了海豹，手臂变成了鲸鱼和其他大型海洋哺乳动物。

塞德娜没有力气再挣扎了，她沉到冰冷的北冰洋里，成了大海的女神，同海豹和鲸鱼们生活在一起。

三、猜想，还是猜想

就这样，寒冷的北冰洋成了塞德娜的家。

布朗分析了"塞德娜"的运行轨道后发现，"塞德娜"不大可能来自柯伊伯预言的那个"柯伊伯带"中，他和他的同事们认为，"塞德娜"应该来更加遥远的太阳系边缘，那里更加寒冷和黑暗，所以非常适合用这个神话中的塞德娜作为它的名字（图2.22）。

图 2.22　可能来自更为遥远的太阳系边缘的"塞德娜"

由于离太阳太远，"塞德娜"的表面温度极低，估计在零下 240 摄氏度乃至于更低。要不是望远镜观测能力的提高，而且"塞德娜"又恰恰运行到离地球相对很近的地方，人们很难发现它。

"塞德娜"所在的地方是一个人类更加陌生的地带。有人认为，那里有一个更大的"彗星库"，拥有多达 10 万亿颗彗星，它像一个球体云似的包裹着太阳系，其厚度是冥王星和太阳距离的千余倍。如果说，"柯伊伯带"是短周期彗星的"大本营"，那么这个更加辽阔的地带就是长周期彗星的"大本营"，它叫"奥尔特云"。

谁也没有见过"奥尔特云"。和"柯伊伯带"一样，"奥尔特云"也来自一位荷兰天文学家的猜想，他叫简·亨德里克·奥尔特。布朗认为，"奥尔特云"才是"塞德娜"的"家"。

回顾发现太阳系的历史，人们的探索活动一直伴随着猜想和证明。人们一次次提出猜想，又一次次用望远镜证明了它。人们猜想

海王星的存在，猜想冥王星的存在，猜想"柯伊伯带"的存在，所有这些猜想都被望远镜证明了。那么"奥尔特云"是否也存在呢？太阳系中是否还有其他行星？太阳系的边缘究竟在哪里？疑问依然层出不穷，猜想还是不断出现。辽阔的太阳系隐藏着多少奥秘等待着人们去探索啊！

即使在今天，用望远镜探测"奥尔特云"中的天体也是困难重重的，因为它们太远了。也许未来的望远镜可以观测到"奥尔特云"的存在，因为那时的望远镜一定更加敏感，而"奥尔特云"中的天体有时会遮住远处恒星发出的光，使那些恒星在短暂的时间里变得暗淡一些，这种光的变化有可能被灵敏度极高的望远镜观测到，从而让人们判断"奥尔特云天体"的存在。

在未来大约 60 年里，"塞德娜"将离我们越来越近，也越来越亮。大约在 2075 年，"塞德娜"将通过近日点，但过了近日点后，它就离我们远去了，最远的时候，它和太阳的距离将达到 1 300 亿千米。

"塞德娜"是个古老的天体，想必曾多次接近过地球，但只有这一次被人类发现了，这是因为它的公转周期约为 11 000 年，也就是说，它上次归来的时候是在 11 000 年以前，那时地球刚刚结束了一次冰河期，人类文明的曙光刚刚显现，而它的下次归来则将在 11 000年以后。

不知那时的地球将以怎样的面目迎接它。

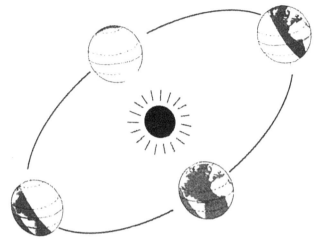

第三章

瞭望银河

第一节　欲识银河真面目

一、河汉清且浅

传说希腊神话中的众神之王宙斯是个不安分的神，他背着妻子赫拉，和底比斯国王的妻子生下了一个孩子，就是大力神赫拉克勒斯。有一天，宙斯悄悄把赫拉克勒斯放在睡着了的赫拉身边，想让孩子吮吸赫拉的奶水，没想到那孩子弄醒了赫拉。赫拉看到身边吸奶的不是自己的孩子，便非常愤怒，于是一把将孩子推开，导致奶水飞溅，喷得满天都是，形成了一条"奶路"。

在晴朗的夜晚，假若你远离城市的灯光和灰尘，你就能看到夜

空中那条壮观的"奶路"，它是一条乳白色的带子，真的很像泼洒在天上的奶汁。

在我国，人们将这条"乳白色的带子"想象成一条"天河"。天河阻隔了河两岸一对相爱的情侣——牛郎和织女，他们终日隔河相望却不得相见，于是古诗叹道"河汉清且浅，相去复几许，盈盈一水间，脉脉不得语。"

然而一到每年的农历七月初七，好心的喜鹊便飞过来，它们为这对恋人架起了一座"鹊桥"，于是牛郎和织女便终于能在那天相会了。

图 3.1　夜空中的银河被人们
想象成"奶路"和"天河"

是的，那条白蒙蒙的光带就是银河，它激发了人类丰富的想象，人间才有了如此美好的传说。

其实银河既不是"奶"，也不是"河"，它由无数星星组成（图3.1），由于星星非常多，离我们又非常远，加上与星际尘埃和气体混合在一起，所以看上去就像一条"奶路"或者"天河"了。

那么银河是不是就是我们所说的银河系呢？其实不尽然，实际上，银河系可不是这个样子的，因为我们看到的并不是银河系的全貌，只是看到了它的一部分。

二、"蚂蚁"的抱负

银河系究竟是什么样子呢？尽管人类的望远镜已经能观测宇宙中很多其他星系的细节，但对于银河系，天文学家却并不能准确地回答这个问题，这是因为我们就住在银河系中，并不能像观察其他星系那样从远处观察我们自己的星系，所以从远处看，我们的银河系究竟是个什么样子，谁也没能确切地知道，正所谓"不识庐山真面目，只缘身在此山中"。

不过借助天文望远镜，天文学家倒是能够观察银河的一部分，他们也能观察宇宙中很多其他星系，从而猜测银河系的样子。前面说到，爱尔兰天文学家罗斯伯爵就用他的大望远镜"列维亚森"仔细观测过旋涡状星云 M51，他还把那个"星云"画了下来。其实那个星云就是一个星系，它很像我们的银河系，有一些弯曲的旋臂，像一个巨大的旋涡，又像一架旋转的风车。但关于这个，当时谁也不知道，很少有人会猜到我们生活的星系就是那个样子的。

探索银河系的工作非常艰辛，过程也十分曲折，因为银河系如此之大，而我们自己在宇宙中的活动能力又如此之小，以如此之小的能力去认识如此之大的银河系就如同一只蚂蚁企图了解它所在的一座城市。但真有一群这样的"蚂蚁"很想了解他们居住的那座神奇的"城市"。是的，这群有抱负的"蚂蚁"就是我们自己。

银河系有多大？现在我们知道，它的直径是 10 万光年。假若把银河系设想成我们中国那么大，那么我们的太阳就只能看成是字母"i"上的那个小点，而地球则近乎无法看到，所以人类要认识银河系就仿佛一个被捆在树上无法动弹的人企图认识他所在的原始森林，真可谓困难重重啊。

三、父子数星星

话说赫歇尔于 1781 年发现了天王星后，他的声望便蒸蒸而上，成为举世瞩目的天文学家，从此放弃乐师职业，专门从事天文学研究。但此时，赫歇尔的头脑里依然存在很多疑问：宇宙有多大？银河系是不是就是整个宇宙？它的形状是怎样的？于是，他产生了一个大胆的计划："数星星"。

星星能数得清吗？按照现在的话说，星星是数不清的，不过星星的亮度并不一样，所以夜空中某些特定亮度的星星是有限的，对于这些星星，人们就可以数清。例如，在夜空中，肉眼可见的星星都很亮，大约有 6 000 颗。如果要看到更暗的星星，就得依靠望远镜，而望远镜的观测能力也不一样，观测能力强，就能看很多星星，观测能力弱，看到的星星就少一些。所以用某种特定的望远镜，人们就能数清其观测能力范围内的星星。

赫歇尔想，假若用望远镜观测不同方向的天空，弄清不同方向星星的数量，不就可以推测银河系的形状了吗？于是他将天空分成许多区域，用他的望远镜逐一统计各区域中星星的数量。他假定，所有星星实际的亮度是一样的，我们之所以看它们有的亮，有的暗，那是因为它们有的近，有的远，所以他认为，只要观测星星的亮度，就能知道它们是远还是近了。于是，赫歇尔每晚一个区域一个区域地数星星，然后根据亮度判断那些星星的距离。他发现，星星的数量在天空中的各个方向上是不一样的，越靠近银河的方向星星越多，它们的分布也延伸得越远，这种情况在正对银河的方向最为突出，而其他方向星星就少一些，延伸的距离也短一些，这成为他建立银河系模型的依据。就这样，赫歇尔数了 117 000 余颗星星。

通过数星星，赫歇尔对银河系有了一个大致的认识，他认为银河系是扁平的，大致像一块"凸透镜"，大约有 80 亿颗星星"住"这个"透镜"中。1785 年，赫歇尔公布了他绘制的银河图（图 3.2）。在这幅图里，银河系长 7 000 光年，宽 1 400 光年，布满了星星。我们的太阳处在银河系的中心。这是人类历史上建立的第一个银河系模型，这个模型把人类的视野从太阳系扩展到了银河系广袤的恒星世界中，人们认识宇宙的步伐也就大大向前迈进了一步。

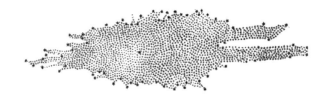

图 3.2　赫歇尔绘制的银河图

赫歇尔去世后，他的儿子约翰·赫歇尔又数了 70 000 颗星星。他们父子俩对星星的计数观测成了人类历史上第一次对银河系从事的工程浩繁的测量。

第二节　给我一把"量天尺"吧

一、"量天"的烦恼

然而赫歇尔犯了两个错误，一是把银河系定得太小，二是把太阳放在了银河系的中间。这样的错误在当时在所难免，那时没有测量星体的有效手段，望远镜的观测能力也很小。

赫歇尔假定恒星的亮度是一定的，只因距离不同才产生了明暗不一的差别，也就是说，恒星的亮度反映了它们离我们是远还是近。凭借自制的望远镜，赫歇尔只能看到一万光年以内的星星，因此他看到的都是太阳附近的恒星，这恰好给了他一个太阳处在银河系中

心的错觉。

今天我们知道，恒星实际的亮度并不一样，所以用亮度估算星星和我们之间的距离是靠不住的。比如一颗实际很亮的星星离我们很远，它可能被我们认为离得很近，一颗实际很暗的星星离我们很近，它又可能被我们认为离得很远。赫歇尔用星星的亮度直接判断它们的距离自然就容易出错。

对于测量天体的距离，人们已经掌握了一些很有用的方法。在有些时候，人们可以使用视差法，就是从两个不同的点观测天体，然后依三角原理求得星体的距离。例如前面提到，哈雷曾提出借助金星凌日测算日地距离的想法，这个想法就是基于视差原理之上的。事实证明，哈雷的设计是成功的。1761 年，当金星凌日发生时，科学家们确实用视差法计算了日地距离。可惜的是，那次测量由于望远镜分辨率低和金星大气的干扰，得到的数据并不准确。直到 19 世纪，人们才终于借助金星凌日得到了更加准确的日地距离数据。可以说，哈雷用来测量日地距离的视差法就是一把很不错的"量天尺"。

使用视差法测量天体有不少具体的方式，通常人们使用"周年视差"测量遥远一些的天体。由于地球围绕太阳公转，每过六个月，它便运行到公转轨道的另一侧，因此，人们观测天体的方位便有了变化，这种因地球公转产生的视差就叫"周年视差"。有了"周年视差"，人们便可以测得更准些，测量的目标也可以更远些，但宇宙中的天体还有更加遥远的，对于那些天体，视差法就"鞭长莫及"了。于是，人们还需要更"长"的"量天尺"，那么，这把更"长"的"量天尺"是如何得到的呢？

二、聋哑女勒维特

本书的前面，曾提到一个名叫威廉·皮克林的人，他是一位美

国天文学家，发现了土卫九，是第一个使用照相术发现卫星的人。皮克林有个哥哥，也是一位了不起的天文学家，叫爱德华·皮克林。19 世纪末和 20 世纪初，爱德华·皮克林担任哈佛大学天文台台长。在这期间，他积极鼓励女性从事天文学研究，并且招募了一些聋哑女性做细致和烦琐的天文学测量和分类整理工作。这些女性后来被人们戏称为"皮克林的后宫"，当然这是一种幽默和善意的叫法，和"后宫"这个词的本义完全不搭界（图 3.3）。

图 3.3　这就是"皮克林的后宫"，她们是一些聋哑女子，
其中的一些成了像勒维特一样了不起的天文学家

这"后宫"中有一位名为亨丽爱塔·勒维特的聋哑女子，她进天文台时是 25 岁，一直在那里工作到去世，享年 53 岁。在繁琐枯燥的工作中，细心的勒维特很关注小麦哲伦云中一种光线能发生变化的恒星，即造父变星。勒维特发现，造父变星有一个特性，即光

变周期与它们的亮度极有规律，光变周期越长，它们就越亮；光变周期越短，它们就越暗。这表明，造父变星的光变周期和实际的亮度之间存在着一种"周光关系"。勒维特想，既然造父变星的实际亮度和它们的光变周期有着这样的联系，那么知道了它们的光变周期，不就可以确定它们实际的亮度了吗？一旦知道了一颗星实际的亮度，又知道它看上去有多亮，人们就可以求出它离我们有多远了。

图 3.4　发现造父变星"周光关系"
的亨丽爱塔·勒维特

就这样，造父变星的"周光关系"被勒维特（图 3.4）发现了。有了这个发现，人们就可以利用星团、星系中的造父变星推算那些星团和星系的距离，这不就等于得到一把"量天尺"了吗？1908 年，勒维特把她的发现公布在哈佛大学天文台的年报上，从此，造父变星的"周光关系"便为人所知了。

但"周光关系"和距离之间的具体尺度究竟如何依然模糊。1913 年，一位丹麦天文学家赫茨普龙利用视差法测定了天空中距离较近的几颗造父变星，从而确定了"周光关系"的距离尺度。于是，人类终于得到了一把测量宇宙距离的更长的"量天尺"。有了这把"量天尺"，科学家们就能利用"周光关系"确定天体和我们之间的距离了。

就这样，哈佛大学天文台台长爱德华·皮克林给了勒维特一个工作的机会，而这位聋哑女子则回馈给世界一个莫大的惊喜。

　　勒维特因为身体原因于 1921 年去世。她身有残疾，家事烦琐，疾病缠身，但最终还是用行动证明了自己的价值。人们为了记念她，用她的名字命名了一颗小行星和月球上的一座环形山，她的名字也永远留在了人类探索自然奥秘的科学史册上。

　　三、请太阳靠边站

　　就在勒维特去世的那一年，另一位美国天文学家接任了哈佛大学天文台台长的职务，他叫哈洛·沙普利。

　　沙普利出身贫寒，16 岁独立谋生，靠自学进入大学，最终成为美国科学院院士，是当时颇有名望的科学家。

图 3.5　一个处于银河系中的球状星团 M80

　　沙普利最伟大的成就是他也拿出了一个银河系的模型，而这个模型就是使用勒维特新发现的"量天尺"完成的。他用这把"量天

尺"测定了当时已知的有造父变星的球状星团（图 3.5）的距离，结果发现那些球状星团都以人马座为中心呈一个球形的分布。沙普利据此推测，银河系的中心在人马座附近，而太阳并不在那个中心所在的地方，它距银河系的中心有 5 万光年。

　　沙普利指出，恒星实际的亮度并不一样，所以赫歇尔建立在错误假设上构建的模型自然也靠不住。通过观测和研究，沙普利认为，银河系的直径为 30 万光年。太阳不在银河系的中心，而是位于靠近银河系边缘的地方。银河系的中心应该在人马座方向（图 3.6）。这个结论更接近银河系的真实面貌，尤其是他提出了"太阳不在银河系中心"的观点，这是人类认识银河系的重大进步。

图 3.6　甚大望远镜拍摄的银河系中心

　　就这样，沙普利纠正了赫歇尔的错误，把太阳从银河系的中心位置请到了靠近边缘的地方。在历史上，类似的事情也发生过，以前人们认为地球是太阳系的中心，是哥白尼否定了地球中心说，提出太阳位于太阳系中心的观点，从而将地球从太阳系的中心位置请了出去。现在人们发现，太阳也并不在银河系的中心，是沙普利把太阳请到了它实际呆着的地方。看来我们光芒万丈的太阳在银河系中也只不过是一颗与其他恒星差不多的普通恒星而已。

第三节　总算清楚一些了

一、还是量不准

但沙普利又把银河系估计得太大了。今天我们知道，银河系的直径是 10 万光年，这比沙普利的银河系足足小了 2/3。既然沙普利使用了勒维特发现的"量天尺"，那为什么又把银河系估算得那么大呢？这"30 万光年"是如何得来的呢？

原来，在宇宙中，天体和天体之间的辽阔空间也并不是"一无所有"，那里实际上漂浮着很多星际尘埃，它们虽然非常稀薄，但由于距离足够地大，这些尘埃就依然足以令远处的星辰变得暗淡并且偏红，这就是"星际消光"。距离越远，这"消光"的作用就越大。"星际消光"会使人们觉得观测到的天体距离很远，但实际上却并不是那样。正是"星际消光"影响了沙普利对天体距离的判断，因而出现了错误。

揭示"星际消光"现象的是美国天文学家特朗普勒，他出生于瑞士，1915 年来到美国，供职于加利福尼亚大学。1930 年，特朗普勒通过研究宇宙中远距离的球状星团证明了"星际消光"现象的存在。他的发现完善了人们测量天体距离的技术，"量天尺"就变得更加精准了。

在那时，研究银河系形状的天文学家并不只是赫歇尔和沙普利。

为了探索银河系的形状，很多科学家都做着同样的研究，但每个人的工作都是独立的。例如卡普坦，他在 20 世纪 20 年代也推出了一个银河系模型，而且他使用的方法和赫歇尔一样，也是"数星星"。凑巧的是，这个模型竟然和赫歇尔的银河系模型很相似。卡普坦的银河系也不大，而且太阳也在银河系的中间。和沙普利 30 万光年的大银河系模型相比，卡普坦的银河系模型可以称为小银河系。

二、旋转吧，银河

卡普坦是荷兰人。起先供职于莱顿大学天文台，后又执教于格罗宁根大学。他有一位追随他的学生，就是荷兰天文学家奥尔特（图 3.7）。这个人前面提到过，其最为人所知的成就是预测了"奥尔

图 3.7 荷兰天文学家简·亨德里克·奥尔特

特云"的存在，他认为在太阳系的最外围有一个球形的"彗星大本营"，太阳系中的长周期彗星就来自于那个地方。

奥尔特在莱顿大学天文台度过了他的职业生涯，最后成为那个

天文台的台长。奥尔特在研究了银河系后认为，银河系的运动和太阳系的运动存在着相似之处。在太阳系中，越靠近太阳系内侧的行星，它绕太阳旋转的速度就越快，所以太阳系中的内行星就都比外行星转得快。那么银河系是否也存在这样的运动呢？

是的，这样的运动在银河系中也是存在的。20 世纪 20 年代，奥尔特证明了这种运动。虽然银河系在自转的观点早已有人提出，但奥尔特证明，银河系的自转并不是整体的转动，它各个部分的运行状态是不一样的，靠近银河系中心的物质转得快，远离银河系中心的物质转得慢，就像太阳系内的行星一样。奥尔特还证明了银河系中心的位置，他认为在人马座方向。这也是正确的，和沙普利的观点相一致。

前面说过，沙普利在建立他的银河系模型时，没有考虑到星际尘埃的"消光"作用，所以他把银河系估算得太大了，后来特朗普勒发现了"星际消光"现象，但当时沙普利的银河系模型早已问世，所以这时需要一个人对沙普利的错误进行纠正，这个纠正的工作也是奥尔特完成的，他根据特朗普勒的发现把银河系"缩小"了。

三、射电望远镜前来报到

奥尔特还计算了太阳在银河系中的位置。他认为，太阳距银心的距离是 3 万光年，比沙普利原来的模型缩短了 2 万光年。再往下，他又计算了太阳绕银心运行的速度，得出太阳每 2 亿年绕银心旋转一周的结果。至此，人类对银河系的结构就有了一个大致正确的认识。

但奥尔特对银河系的研究并没有就此停下来，他和他的同事们在这时又获得了一次难得的契机，这肇因于 20 世纪 30 年代射电望

远镜的出现。有了射电望远镜，天文学家研究银河系就有了新型的工具，他们的大脑也有了全新的想法，然而还没等奥尔特和他的研究小组很好地利用这一有力的工具，第二次世界大战便爆发了。荷兰被占领，人们纷纷躲避战乱，科研仪器不能使用，奥尔特的研究小组也无法正常工作了。

这时在奥尔特小组中有一个叫范得胡斯特的人，由于无法使用仪器开展工作，便转向思考和写作。他想到了一种气体，叫中性氢，这种气体大量存在于银河系的旋臂中，会发射波长为 21 厘米的电波，虽然其中的氢原子每 1 100 万年才发出一次射电辐射，但由于宇宙空间中这种原子非常多，所以它们产生的 21 厘米电波就依然很可观，乃至于可以形成一种 21 厘米的连续射电波。范得胡斯特想，既然有了探测射电波的射电望远镜，那么用这种望远镜探测 21 厘米的电波，不就可以更详细地了解银河系的结构和形状了吗？

想法有了，但战争还在进行，奥尔特他们也没有办法，只好等待战争结束。直到 1951 年，科学家们才将探测 21 厘米氢的计划付诸实施，结果证明了范得胡斯特的构想是非常正确的。在接下来的 10 年里，银河系旋涡结构的若干细节便终于被"描绘"了出来。

第四节　银河真相

一、旋臂之谜

这以后，射电望远镜又使得周年视差法得到改进，人们可以更加有效地使用周年视差法观测银河系中的天体了。人们用这种方法测量银河系旋臂的外形，跟踪旋臂的运动，判断旋臂的数量，使得探测银河系的步伐大大加快。现在，人们可以用多台射电天文望远

镜同时观测天体，然后将所得到的观测数据输入电脑进行数据处理，这样一来，多台射电望远镜的性能就抵得上一台"超大"的射电望远镜了。

那么，经过了如此这般的一番探索，人们对银河系的认识达到了怎样的一种程度呢？现在我们知道，大致上说，我们居住的银河系应该是一个螺旋形的星系，它是宇宙中最常见的一种星系，是宇宙中大约 1 000 亿个星系中的一个普通成员，这种星系通常有几条弯曲的旋臂，所以叫旋涡星系，又叫螺旋星系（图 3.8）。

图 3.8　一个很像银河系的螺旋星系

银河系大约拥有两到四条旋臂，但究竟几条却总是在争论，旋臂的数目也总是在"变换"。1951 年，科学家们首次确认银河系有三条旋臂，但到了 20 世纪 70 年代和 80 年代，他们又认为有四条旋

臂，分别是定规座旋臂、盾牌座-半人马座旋臂、人马座旋臂和英仙座旋臂。2008 年，科学家用斯必泽红外太空望远镜拍摄了一幅银河系的"全景图"，这幅图由 80 万张照片组合而成，全长 55 米，是银河系所有星星的"全家福"。科学家们利用这幅图对银河系又进行了一次前所未有的恒星计数。结果显示，银河系的主要旋臂只有两条，即英仙座旋臂和盾牌座-半人马座旋臂，它们都与银河系核球中心的恒星棒连接着。

究竟银河系有几条旋臂，它的精确形状又是怎样的，这个问题依然悬念重重，至少在目前，人们还没有形成统一的认识。相信随着望远镜观测技术的提高，银河系旋臂的真面目终将清晰地展现在人们面前。

二、"走马观花"看银河

现在，让我们用望远镜扫描一下我们的银河系，看看它的大致模样吧。

首先我们要知道，太阳并没有位于银河系的中心，而是在一个靠近边缘的地方，它只是银河系 2 000 亿颗恒星中的一个普通成员，这颗普通的恒星带着它的太阳系以每秒 250 千米的速度环绕银河系的中心飞奔，但它和它的太阳系还是需要 2.2 亿至 2.5 亿年才能完成一次对银河系中心的环绕。这样看来，自太阳诞生之日起，它在环绕银河系中心的轨道上仅仅运行了 20～25 圈。

银河系拥有一条穿越中心的狭长恒星棒，那里集中了大量红色的古老恒星，所以银河系不是一个简单的旋涡星系，而是一个有棒状星核的"棒旋星系"（图 3.9）。

银河系有银盘、核球、银晕和暗晕几个部分。银盘是银河系的

图 3.9 银河系可能是这个样子的，直径为 10 万光年，
中心有一条狭长的恒星棒

主体，那里集中了银河系绝大部分的可探测物质，分布于核球周围，外形很像一块透镜，中间凸起，周围则是薄薄的，这银盘的直径足有 10 万光年。

银盘的外围有一个平均密度比银盘低得多的区域，这就是银晕。银晕的质量很低，主要分布着老年恒星和球状星团，还有极少量的气体。银晕的外面是一个范围更大的物质分布区，叫暗晕。暗晕中隐藏着很多秘密，可能存在大量暗物质，它们虽然看不见，质量却是银河系中可见物质的 20 倍，所以对银河系的影响是不能小觑的。

离开暗晕，我们再将望远镜转向银河系最亮的地方，那里是银河系的中心，有一个椭圆形的物质密集区，这就是核球。核球的物

质密度非常高，且越接近中心，物质密度越高，而物质密度最高的地方位于核球的正中心，那里被称为银心。假若你能飞到那银心中去，你便能看到非常震撼的景象，你见到的夜空将非常奇特，星星多得难以想象，因为在我们平常所见的夜空中每出现一颗星星的地方，那里就会出现 100 万颗星星。

不过那里的背景辐射水平非常高，加上还潜伏着一个名为黑洞的"怪兽"，所以真要去那个地方可不是什么好主意。

三、锁定银河"怪兽"

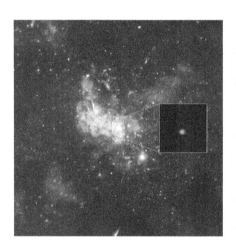

图 3.10　一个来自银心的不寻常的 X 射线闪光显示那里有一个超大质量黑洞

这潜伏于银心的"怪兽"最初是由英国的两位科学家通过红外观测察觉到的，当时是 1971 年。几年后，人们果然在银河系中心发现了一个不一般的射电源，就是"人马座 A ＊"。从尺度上看，"人马座 A ＊"只有一般恒星大小，且只比太阳亮 100 倍，相比之下，有些恒星，如参宿四要比太阳亮 10 万倍。但"人马座 A ＊"发射很强的射电波和红外辐射，所以很受关注，人们认为那里隐藏着一个大质量黑洞（图 3.10）。

不过这是难以置信的事。在宇宙中，星系中心黑洞的质量通常很大，达到太阳质量的几十亿倍。在它们周围，大量气体落入黑洞被加热，从而发出强烈的射线，形成宇宙中最神秘的天体——类星体。

类星体是一种躁动不安的星系，它们的中心物质非常密集，会

产生高能喷射粒子流，释放巨大的能量。但"人马座 A＊"却并没有那样，这是怎么回事呢？原来，银河系早已不再"年轻"了，它变成了一个"老成持重"的星系，那"青涩"的岁月已成往事，活动也归于平静，所以不会再像类星体那样乱发脾气了。

但即使如此，我们的银河系也不应该如此"文质彬彬"才对，因为在其他星系中，一个如此巨大的黑洞就是一个令人惊讶的射电源，当它吞噬气体的时候，会发出猛烈的可见光和 X 射线，然而"人马座 A＊"却没有那样，这又是为什么呢？

科学家们推测，这可能与银河系的气体供应不足有关。有证据显示，我们银河系的中心在过去几千年里都比今天明亮，而我们可能恰恰生活在它相对黯淡的时代。

为了搞清楚那里是否真的存在着一个黑洞，科学家们花了 16 年时间在智利的欧洲南方天文台用大型望远镜追踪观测围绕银心运行的 28 颗恒星。他们发现，那些恒星运行得非常快，这应该是黑洞的引力造成的，可以作为银心存在黑洞的证据，因为黑洞影响了这些恒星的运行。

探测表明，那黑洞的质量是太阳质量的 400 万倍，距离地球大约 2.7 万光年，它对周围的星体产生着巨大的引力，是银河系当之无愧的主宰。

四、黑洞的"气体大餐"

如此说来，银心其实并不平静，即使"平静"也是相对而言的。事实上，银心是一个"极端之地"，几乎所有东西都是疯狂的：恒星是高密度的，气体云也是高密度的，它们以极快的速度绕"人马座 A＊"疯狂地旋转，且越接近银心，旋转的速度就越快。假若它们

稍有懈怠，就会坠入到黑洞中去。

　　银心的平静不仅是相对的，而且并非一直如此。剧烈的大爆炸，例如变得像个类星体似的大爆炸一定也发生过。确凿的证据就来自于"费米伽马射线太空望远镜"（图 3.11）的观测。这架望远镜负责

图 3.11　费米伽马射线太空望远镜

观测宇宙中的伽马射线，它在银河系中发现了两个匪夷所思的巨大气泡，科学家们称之为"费米气泡"（图 3.12）。这暗示在银河系的

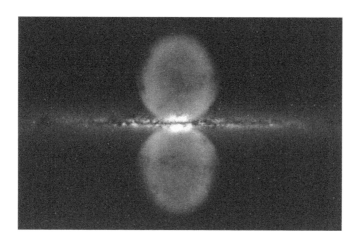

图 3.12　来自银心的大爆炸制造了两个"费米气泡"

中心曾爆发过一次规模接近类星体的大爆炸，那次爆炸制造了两个灼热的气泡，它们从银河系的中心向两边膨胀，现已延伸到距"银心" 25 000 光年以外的地方。那么，这样剧烈的爆炸又是如何发生的呢？

科学家们猜测，恒星的诞生可能是这"费米气泡"的"始作俑者"。

现在我们知道，在"人马座Ａ*"的附近，有三个巨大的年轻星团环绕着"人马座Ａ*"运行，一个距"人马座Ａ*"近些，两个稍远些，其中的五合星团包含着一颗密度极高且极为明亮的恒星——手枪星（图3.13）。

图3.13　银心附近一颗极为明亮的恒星——手枪星

然而问题是，这些星团是如何来的呢？这还是一个谜，但也有人作了合情合理的推测。他们认为，这几个星团是一次巨大骚动的"副产品"，其"肇事者"可能是一个矮星系，即一种较小的星系。

基于这样的判断，人们尝试还原了当时的情景：那冒冒失失的矮星系闯入银心，它压缩了大量气体云，使气体云的一部分坍缩成许多明亮的新生恒星，而另一部分则闯进了银心的黑洞（图 3.14）。于是"人马座 A＊"就仿佛得到了一顿难得一遇的"气体大餐"，它一下子亮得像个类星体，虽然只能算个温和的类星体，但爆发的能量还是抵得上 1000 亿个太阳，并且，它还"吹"起了那两个灼热的气泡。

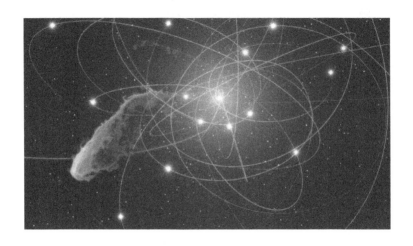

图 3.14　一部分气体云闯进了银心的黑洞

今天，"人马座 A＊"周围的气体物质已经很少了，但几百光年之外依然大量存在，它们很密集，并且环绕"银心"运行，其中一团气体物质的质量相当于 300 万个太阳，由 100 多种分子组成，包括不少酒精，足以斟满一个和地球一般大小的酒杯。

在一个星系里，类似这种能引发"费米气泡"的大规模骚动可能会周期性地发生，大约每 1 000 万至 1 亿年就会发生一次，所以银河系还会有下一次大骚动，但那将是很久以后的事了。

第五节　银河的里里外外

一、人镜佳缘

前面说到，在 20 世纪 20 年代以前的相当一段时间里，研究银河系形状的天文学家并不只是赫歇尔和沙普利。为了探索银河系的形状，很多科学家都做着同样的工作，但每个人的工作都是独立的，于是，在那段时间里，科学家们便拿出了一大一小两类模型，前者以沙普利为代表，后者以卡普坦为代表。

这样一来，人们便又产生了一个疑问：那些用望远镜观测到的旋涡星云，如 M51、M31 究竟是在我们的银河系中，还是在银河系之外呢？当时的人们想，假若相信小银河系的说法，那么这种星云就应该存在于银河系之外；假若相信大银河系的说法，这种星云又很可能存在于银河系之内。于是，在 20 世纪 20 年代，科学界便发生了一场争论，有人认为那星云存在于银河系内，有人又认为存在于银河系外。事实上，这场争论对确定银河系的地位的确非常重要，它要解决的问题是，我们的银河系究竟是不是独一无二的，如果不是，那么宇宙中是否还有许许多多和银河系一样的星系呢？

其实很早以前就有人认为，银河系并不是独一无二的。他们认为，那些星云，其实就是和银河系一样的星系，然而早期的望远镜由于分辨率太低，人们无法弄清楚这个问题。如 M31，即所谓的"仙女座星云"，赫歇尔就认为，它应该能够被望远镜看出一颗颗的星星来，但用他的望远镜始终也没有做到这一点。

所以人们就这样争来争去没有结果。就在这时，转机出现了，历史让一个了不起的人和一架了不起的望远镜巧遇在了一起，正是

这样的巧遇为这场争论画上了休止符。

这个人就是哈勃（图 3.15），而那望远镜就是位于威尔逊山上的胡克望远镜。胡克望远镜可以说是天文望远镜发展史上功勋卓著的"名镜"，口径 2.5 米，于 1917 年安装在威尔逊山天文台上，是当时口径最大的天文望远镜。和以前的望远镜相比，胡克望远镜的观测本领真可以说是今非昔比了。

图 3.15　埃德温·哈勃

胡克望远镜安装好后不久，哈勃便来到了威尔逊山，他开始用胡克望远镜观测旋涡星云。结果，哈勃看到了仙女座星云中的恒星，这说明仙女座星云不是一团"云"，它是由一颗颗的星星组成的，和我们的银河系一样，所以其实应该叫"仙女座星系"才对。那么它

有多远呢，这个问题也能回答，因为哈勃还通过胡克望远镜认出了这个星云中的造父变星。这下好了，有了造父变星，哈勃便能确定它离我们多远。结果他发现，这个星系离我们非常远，远远跑到银河系的外面去了。即使我们的银河系是"大银河系"，仙女座星云也不会存在于其中，它是一个十足的"河外星系"。

谜底终于揭晓，原来我们的银河系在宇宙中一点也不特别。银河系之外，还有无数和银河系同样的普通星系，而仙女座星系则正是我们银河系的"邻居"。

二、徒有其表的"双胞胎"

图 3.16 银河系的"邻居"仙女座星系

看上去，仙女座星系和银河系很相像（图 3.16），所以如其说它是我们的"邻居"，还不如说它和银河系更像是一对"姐妹"，甚至

有人把这两个星系形容为"双胞胎"，因为它们都是旋涡星系，质量也相当，而且同处在我们的"本星系团"中。

然而事情并不那么简单。当科学家更加仔细地观察了这两个星系后，便逐渐地发现了这"双胞胎姐妹"越来越多的不同。

和银河系相比，仙女座星系显得更加活跃，它像一个精力充沛而又顽皮好动的孩子，有更宽的恒星盘，更大的黑洞，更多的球状星团。它的黑洞质量是我们银河系黑洞质量的几百倍，它的球状星团超过了 400 个，而银河系只有 150 个。

仙女座星系也许在它的一生中经历过很多碰撞，这些剧烈事件刺激着仙女座星系中的大量气体形成新的恒星和球状星团，同时也搅动仙女座星系中的物质向更远的地方实施扩张，它们还可能将大量气体和恒星推向星系的中心，从而为位于中心的饥饿的黑洞提供充足的"食物"。

相对于仙女座星系，我们的银河系就安静多了。它的"生活"并没有受到太多打扰，这也许正是我们今天能在此大肆谈论它的原因之所在。假若银河系是动荡的，它便会引发许多剧烈事件，如超新星爆发等，复杂的生命能否在那种环境中存在是很值得怀疑的。

银河系和仙女座星系正在相互接近，它们的相撞是迟早的事（图 3.17），这件事大约会发生在 30 亿年以后。由于星系是非常弥散的，它们碰撞时包含其中的恒星并不会真的发生物理上的接触。

碰撞发生后，仙女座星系内的恒星和气体将能够在地球上用肉眼看到。大约 70 亿年后，仙女座星系与银河系将合并成一个更大的

图 3.17　这是一个拼接的图片，显示 37.5 亿年后，从地球上看到的仙女座星系（左）和银河系相撞的情况

椭圆星系，人们称这个未来的星系为"银河仙女星系"。

三、往事猜想

银河系是如何形成的？它形成后又经历了怎样的事情呢？

图 3.18　两个星系正在发生碰撞，银河系可能也遭遇过这种情况

银河系可能形成于一个大致呈球形的原始星系云中，也可能由几十个较小的星系云合并而成。银河系形成后，它确实遭遇了一些事情。例如，有人认为银河系在 100 亿年前遭遇过一个外来星系的猛烈碰撞（图 3.18）。持这种观点的科学家用装在天文望远镜上的光

谱摄制仪对银河系圆盘中的恒星进行了观测，他们发现那些恒星的速度与银河系中的其他天体很不相同。

在宇宙中，速度是一种能持续保存的量。那次碰撞发生后，一些外来天体便以不同的速度进入到银河系中，它们的运动和银河系中的"原居民"显然是"不搭调"的，这种状态可以被望远镜观测到，从而让科学家们判断它们是外来的。

那次碰撞可能只是银河系与其他星系多次碰撞中较大的一次，在后来的岁月里，碰撞和合并一定还发生过，但即便如此，恐怕也不会太多了，这是因为，在早期的宇宙中，星系一般相距很近，因此合并和碰撞经常发生，但在宇宙诞生 70 亿年后，由于宇宙的膨胀，星系拉开了相互间的距离，碰撞事件就越来越少了。

银河系有多大年龄？这个问题也是需要用望远镜来回答的。人们用望远镜检测恒星中的化学元素，然后根据某些元素的丰度判断一些古老恒星的寿命，再由恒星的寿命推测银河系的年龄。

科学家们用望远镜观测了银河系中一个古老星团中的恒星，那些恒星中的有些已经 134 亿岁了，虽然它们不是银河系中最古老的恒星，但它们诞生的时候，离银河系的诞生也不会相差太久，所以科学家们估计，银河系应该已经存在了大约 136 亿年，和宇宙差不多一样古老。

四、银河趣事

银河系的周围并不荒凉，许多小星系正绕着银河系运行，它们看上去不愧为银河系忠实的追随者，然而天体物理学家们还是觉得很奇怪，因为人们迄今只发现了 26 个这样的小星系，而按照他们的

推测，这样的小星系应该有几千个，可以组成一个小星系的庞大"军团"！

为什么有这么多小星系呢？原来在早期的宇宙中，暗物质造就了最初的星系结构，所以从理论上说，每一个大型螺旋星系的周围都应该存在几千个构建星系结构的暗物质团块，银河系应该也是这样的。

当然银河系周围也有明亮的星系，其中两个闪耀着星光的小星系就是大麦哲伦云（图 3.19）和小麦哲伦云（图 3.20）。人们发现，这两个星系中那复杂而活跃的地方正是恒星的摇篮和墓地，那里交替发生着恒星的诞生和死亡。最近一次观测到的实例发生于 1987年，那是大麦哲伦云中的一次壮观的超新星爆发。

图 3.19　大麦哲伦云的一部分

人们还在银河系中发现了很奇怪的星星。例如前面谈到，科学家用大型望远镜追踪观测围绕银心运行的 28 颗恒星。他们发现，那些恒星运行得非常快，其中有一颗达到了每秒 5 000 千米，绕银心一周只需 16 年，它成了银心存在超大质量黑洞的有力证据。这颗星叫 S2，是一颗发蓝白光芒的恒星。令人不解的是，S2 为什么会在那里呢？按照通常的情形，气体云不会在离黑洞那么近的地方凝聚成一颗恒星，

图 3.20 小麦哲伦云

因为那些气体在变成恒星之前就会被黑洞的引力撕碎，所以 S2 不会是在那个地方形成的，它应该形成于一个安静的地方，然后再迁移到黑洞的附近。如此一来，S2 就应该有些年纪了，不应该是一颗年轻的星，然而 S2 的年龄不超过 1 000 万岁，它又的确很年轻。

人们在银河系中还发现了另一颗匪夷所思的恒星，因为它的组成几乎全是氢和氦，没有什么更重的元素，这表明它非常接近于宇宙早期的物质组成，那时的气体缺少碳和氧，恒星巨大且寿命短暂，所以这颗恒星仿佛是从遥远的大爆炸时期"穿越"过来的。没有人知道这究竟是怎么回事。也许它确实来自于宇宙的早期，是一块从远古超巨星身上甩下的碎片。假若果真这样，它就堪称一颗不可多得的恒星"化石"，应该有 130 亿岁了。

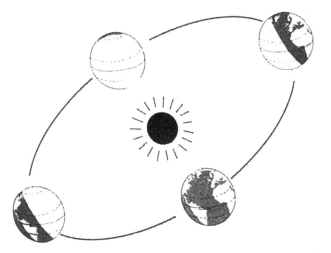

第四章

今夜星辰

第一节　发现了一个星云

一、"彗星猎手"

18 世纪是一个充满了困惑和发现的时代，也是一个巨星辈出的时代。1730 年，一个贫寒家庭的孩子出生了，他叫查尔斯·梅西耶（图 4.1）。梅西耶是这个家庭中的第 10 个孩子，比他年幼的还有 2 个孩子。梅西耶 10 岁时父亲亡故，他的 6 个兄弟姐妹也在很小的时候夭折了。梅西耶没有条件很好地读书，父亲故去后便离开了学校。

20 岁时，梅西耶来到巴黎，他非常幸运地被法国海军天文台的

图 4.1　法国天文学家查尔斯·梅西耶

天文官德里希尔录用了。在跟随德里希尔工作了几年后，梅西耶赶上了哈雷彗星的回归。根据当时的预测，这颗彗星将于 1758 年重新出现在天空，于是梅西耶开始搜寻它。搜寻彗星经常会遇到一个问题，那就是要将它们和当时的所谓"星云"区别开来，因为用当时的天文望远镜来看，彗星和星云常常是一样的。

在寻找哈雷彗星的大约两年里，梅西耶的工作一直不顺利，他找到哈雷彗星时，别人已经发现了它。不过梅西耶还是观察了仙女座星云，后来将这星云编在了他的星表中，称为 M31；他还发现了另外一颗彗星，总算是有了点儿收获。

那天是 1758 年 8 月 28 日，是发现了那彗星的十几天以后，梅西耶又在金牛座发现了另外一个很像彗星的物体。起初他以为，

自己又找到了一颗彗星，但连续观测了一段时间后并没有发现这个模糊的斑点有所移动，于是梅西耶确认它不是彗星而是一个星云。

多年以后，梅西耶才知道，这个星云并不是自己第一个发现的，它其实早在自己出生不到一年的时候就被一位英国天文学家观测到了，但梅西耶知道这个情况的时候已经 47 岁了。

大约两年以后，也就是 1760 年，梅西耶正式升任为法国海军天文台的天文官以接替他的前任德里希尔。此后，他独自发现了不少彗星，被法王路易十五誉为"彗星猎手"。

在当时，"彗星猎手"们常会遇到一个麻烦，那就是将彗星和星云相混淆，于是梅西耶觉得有必要编写一份星云表，把那些不是彗星的星云和星团标示出来。在这个表中，他把那个在金牛座发现的星云排在了第一位，称它为 M1。

二、很像一只螃蟹

大约 10 年以后，梅西耶的工作告一段落，他的《梅西耶星团星云列表》第一卷出版了。又过了十几年，梅西耶出版了第二卷和第三卷。梅西耶在这个表中收集了 110 个天体，除了 M40 属于恒星类的双星外，其他 109 个均属星云、星团和星系的范畴。直到今天，这些使用小型天文望远镜就能观测的天体依然被全世界的天文爱好者津津乐道，它们被统称为"梅西耶天体"（图 4.2～图 4.4），是人们公认的星云、星团和星系中的精华，也是星空中最壮观，最美丽的风景。

在梅西耶的那个时代，星云是一个宽泛的概念，可以用来表示任何模糊不清的天体。M1 被认为是一个星云，但星云又是什么呢？

图 4.2 "梅西耶天体" M42，猎户座大星云

图 4.3 M45，昴星团，是一个明亮的疏散星团

在当时，这是一个很令人困惑的问题。一些天文学家认为，星云是聚集在一起的数不清的恒星，而另一些人则认为它们是发光的气体和尘埃。要弄清星云的本质，唯一的办法就是制造更大更先进的望远镜去观测它们，而在当时欧洲的天文学家中，拥有大口径望远镜的"重量级"人物自然就是赫歇尔了。

图 4.4　M104，草帽星系

这时的赫歇尔已经把望远镜做得越来越大，到他年愈半百时，他的 1.22 米大望远镜也终于问世了。这是当时世界上最大的望远镜，镜筒需要三个人才能抱住，不愧为望远镜世界中的"重型武器"。这架望远镜一问世就发现了土星的两颗卫星——土卫一和土卫二，证明了它的威力确实不同凡响。

赫歇尔为什么要做这么大的望远镜呢？其中的一个重要原因就是想解析出星云中的恒星来。赫歇尔认为，所有星云都是由无数恒星构成的，人们之所以看着它们像"云"，只是因为望远镜的分辨率不够而已，假若有了观测能力足够强大的望远镜，星云中的恒星就可以解析出来了。

然而赫歇尔有点失望，他发现，即使用他的大望远镜观测 M1，其中应该出现的恒星还是识别不出来。除赫歇尔外，罗斯伯爵也观测了 M1，他在这星云中看到了许多纤维状的细线，他觉得那些细线使这团星云看上去像一只长了许多腿的螃蟹，于是便称它为"蟹状星云"。后来这个名称延续下来，比 M1 更为人所熟知了。

三、赫歇尔一家

赫歇尔的儿子约翰·赫歇尔和英国天文学家拉塞尔也观测了这个"蟹状星云"，他们还声称看到了其中的个别恒星，其实那很可能是把蟹状星云中的纤维状物质误当成恒星了。

赫歇尔一生除发现天王星外，对恒星研究的贡献最大。他的巡星观测持续了20年。他发现，天上看上去成双成对的星星果然就是"双星"，并不像以前人们认为的那样只是看上去像是双星。赫歇尔意识到，这种视觉假象也的确存在，但另有一些"双星"却是真的，它们相互绕着对方旋转。赫歇尔长期观测双星，共发现了800对这样的天体。

赫歇尔还发现，天上的星星不仅喜欢成双成对，还喜欢抱成团。那些星团有的密集，有的稀疏。赫歇尔认为，那是引力施放的"魔法"，说明星团正处在不同的发展阶段，再往后，它们还会变得更加密集。

图4.5 赫歇尔太空望远镜

赫歇尔于1822年去世，享年82岁。他一生制作了几百架望远镜，发现了天王星，绘制了第一幅银河图，发现了大量星云、星团和双星，还发现了红外辐射。这位曾经默默无闻的少年通过自己的努力成了恒星天文学的开创者，被人们誉为"恒星天文学之父"。人们为了纪念他，将2009年发射的一架红外太空望远镜命名为"赫歇尔太空望远镜"（图4.5）。

赫歇尔曾送给卡罗琳一架望远镜，鼓励她独自从事天文观测。1786 年，卡罗琳发现了一颗彗星，这是人类历史上第一颗由女性发现的彗星，她还发现了十几个星云和另外七颗彗星。

赫歇尔在世时，卡罗琳一直跟随着他。赫歇尔去世后，卡罗琳便回到家乡汉诺威。在那里，她将赫歇尔自 1800 年以来发现的星云整理成了星云表。卡罗琳终身未嫁，享年 98 岁（图 4.6）。

图 4.6　92 岁时的卡罗琳

由于一直忙于观测星空，赫歇尔直到 50 岁才结婚。大约 4 年后，他的儿子约翰·赫歇尔出生了。约翰·赫歇尔也成了一位了不起的天文学家。赫歇尔一家"亮星"辈出，是近代科学史上令人称羡的一景。

第二节　破解星云之谜

一、公元 1054

那么星云究竟是什么？原来有些星云确实是星系，它由无数星星组成，和我们的银河系是同一种东西，但有些星云则真的是一种"云"，它们由宇宙中的气体和尘埃组成，千姿百态，美丽无比。

多少年来，人们一直在用望远镜观测那个神秘的"蟹状星云"。1921 年，有人观测到它里面的物质发生了显著的移动和变化。他们在比较了相隔十一年半拍摄的照片时发现，这个星云每年都在向外扩张。几年以后，哈勃成功解释了这种现象，他在一篇文章中指出，蟹状星云是900多年前一颗恒星爆炸后留下的残骸，这种爆炸就是超新星爆发。

假若蟹状星云是900多年前超新星爆发留下的残骸，那么在900多年前，夜空中一定有一次壮观的爆发，当时的人们应该可以看到它，并且把它记载下来。这样的记载存在吗？

是的，这样的记载竟然奇迹般地存在着，天文学家在我国的古代典籍中找到了它。他们发现，蟹状星云的确是一颗超新星爆发留下的遗骸，那次爆发发生于公元1054年，当时的天空出现了一颗陌生而又明亮的星星，这件事被我国宋代的天文学家记载了下来。

公元1054年，金牛座内一颗恒星爆炸了，它变成了一颗超新星。根据《宋会要》的记载，这颗星呈红白混合的颜色，亮过金星，人们称它为"天关客星"。《宋会要》中描述为，"昼如太白，芒角四出，色赤白，凡见二十三日。"就是说它白天像金星一样光芒四射，呈红白色，闪耀了23天。

除中国人外，日本人和美洲土著人也简单记载了那次爆发事件。日本镰仓时代的歌人藤原定家在他的日记《明月记》中记有"客星现于觜参，亮于东方，近于天关，明若岁星"的语句，意思是说有一颗亮星突然出现在金牛座ζ（读 zeta）星的附近，它闪耀在东方，像木星一样明亮。

二、"前世"恒星的"化身"

然而只有我国的记载最为详细和准确。除《宋会要》外，《宋史》中也有记载。综合这些记载，今天的天文学家可以很好地还原900多年前的那次神秘的"天关客星事件"：1054年7月4日，一颗亮星突然出现在金牛座ζ星的附近，它的颜色红中带白，亮度超过了金星，有 23 天时间，人们在白天里也能看到它。1056 年 4 月 6 日，这颗星看不到了，算起来，它在天空中闪耀了 643 天。在这期间，我国天文学家始终观测着它并把过程记载了下来，这些记载使今天的人们了解到一颗恒星是如何在它生命的最后时刻嬗变成一颗超新星并化为宇宙中的一朵华丽的星云的。那个产生了蟹状星云的超新星被命名为"超新星 1054"，人们又称它为"中国超新星"。

一直到今天，这颗"中国超新星"留下的美丽星云依然在深深吸引着全球天文学家和天文爱好者的视线。900 多年过去了，它依然很明亮。人们发现它不仅发射可见光，还发射红外线、X 射线和伽马射线，这表明它的内部蕴含着强大的能量。如此强大的能量来自哪里呢？1968 年，谜团终于解开，科学家们在蟹状星云中心发现了一颗脉冲星，它是恒星爆炸后留下的星核，是一颗高速自转的中子星。它的质量大得不可思议，假若你能从这颗星上取下糖块大小的一片物质拿到地球上来，地壳根本承载不起它，它的重量会使它一直沉到地心里去。

终于真相大白了。原来蟹状星云是一颗"前世"恒星的"化身"，它可能比太阳大好几倍。900 多年前，它迎来了死亡的最后一刻，于是用尽全身力气释放了剩余的所有能量，这使它的"葬礼"变得像一个星系一般地辉煌。它是那样地亮，即使在白天，人们也看到了它。

最后，它留下了那美丽的残骸——那朵被梅西耶观测到的 M1，即蟹状星云。

三、"中国超新星"的华丽礼花

今天，人们已可以用最先进的地面和太空望远镜仔细观察蟹状星云的所有细节。在哈勃太空望远镜的镜头下，人们可以清楚地看到那些由脉冲星喷射出来的物质。黄绿色的，像细丝一样的部分是向地球飞来的物质，而橙色和粉红色的部分则正在离地球而去。蟹状星云内气体的化学元素也可以通过颜色反映出来。橙色代表氢，红色代表氮，粉红代表硫，绿色代表氧。几十亿年前，这些元素在恒星的爆炸中就已经产生了。

假若你想用你的望远镜亲眼看一看蟹状星云，它也不难找到。蟹状星云位于金牛座，它的旁边是猎户座。猎户座是冬季星空中的代表星座，冬天和初春的晴夜，抬头便能看见。猎户座中有一列象征猎手腰带的三颗亮星，其西北是金牛座的毕宿五，它被想象成金牛的一只眼睛。所谓"天关"即金牛座ζ星就在这颗星的东北方向，而蟹状星云就位于距它大约一两度的地方。它在夜空中并不亮，仅凭肉眼是看不见的，在小型望远镜中也至多是一个小而暗的白斑，然而它却有着重要的科学价值，全世界每年都会产生大量有关蟹状星云的科学论文，各种位于地面和太空的大型望远镜都把镜头频频对准它（图4.7）。

蟹状星云为什么如此重要呢？原来，蟹状星云最直观地向人们展示了恒星的秘密。通过蟹状星云，再配合我国天文学家对那次爆发所做的记载和描述，人们终于能够明白，每颗恒星都是一段从生到死的传奇，而它们生死之间最不可思议的物质形态就是星云。

原来，星云是死亡恒星的"挽歌"，又是新生恒星的"号角"。当一颗恒星死亡后，它留下的星云物质会渐渐散去，而散去的物质又会在宇宙中形成新的星云。在那里，新一代的恒星得以诞生。

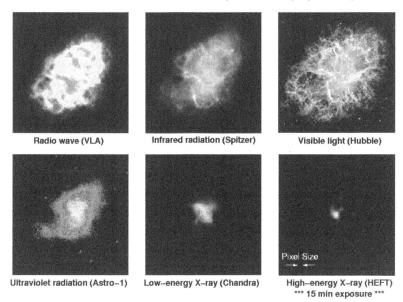

图4.7 蟹状星云的"多波段影像"

四、恒星的"育婴室"

多年以前,美国航空航天局公布了一幅太空照片,它是由哈勃望远镜从太空传回的。数百万人通过"哈勃"的"眼睛"看到了一幕令人震撼的宇宙奇观,那是几道冲天的黑色烟柱,宛若岩洞中怪诞离奇的石笋。在烟柱的附近,一些星辰正在闪烁着神秘的光,仿佛向人们诉说着幽远的秘密(图4.8)。

照片迅速传遍全世界,无数杂志的封面上出现了这幕奇异的景观。对于大众而言,照片的魅力来自它那震慑人心的气势和壮观雄奇的美丽,然而科学家则在苦苦思索,那里正在发生什么呢?

哈勃太空望远镜拍摄的地方是鹰状星云,位于银河系中,距我们7 000光年。那烟柱本是一块巨大的气体云团,由浓密的氢和尘埃

图 4.8　鹰状星云的一部分，是恒星的"育婴室"

组成。由于强烈的紫外线辐射和恒星风，云团的一部分被吹散了，留下炽热而厚重的烟柱。科学家们推测，那云团中正在产生新的恒星，因为云团中的物质正在加速运动和坍塌，这样的活动会导致恒星的诞生。

　　观测显示，云团中最浓密的地方大多靠近烟柱的顶端，那里的物质正在凝结，显然那些地方就是恒星的"育婴室"了。在那里，每年大约会诞生几百颗恒星，而这个过程起码能够维持 10 万年。原来，哈勃太空望远镜目击了一幕星辰诞生的图景。

　　五、太阳的"兄弟姐妹"

　　从这幅照片中，人们还可以看到，恒星是成批出生的。很有可能，我们的太阳也是这样形成的，它应该有不少同时出生的"兄弟姐妹"。

今天，那团孕育了太阳的星际云早已消失，而太阳的"兄弟姐妹"也不见踪影了，它们失散到哪里去了呢？

假若能找太阳的"兄弟姐妹"，那么太阳诞生的秘密就能大白于天下。人们推测，太阳的"兄弟姐妹"应该还闪耀在银河系中的某个地方，如果愿意找，还有可能找到它们，原因就在于，在一个星云中同时诞生的恒星都拥有共同的"味道"，也就是某种相同的化学成分，这表明恒星的"兄弟姐妹"在化学上是具有共性的，就像人类的亲属之间拥有或多或少的"血缘"联系一样。

"品尝"恒星的化学"味道"，必须使用天文望远镜。例如，将一种光谱摄像仪连接在望远镜上，科学家们就能观测很多恒星的化学组成，事实上，他们也打算用这种方法寻找太阳的"兄弟姐妹"。

不过这件事做起来肯定是非常困难的，因为经过了 46 亿年的岁月，太阳的"兄弟姐妹"早已不知所终，要重新找到它们，一定难如大海捞针。要理解这种困难的程度，你可以想象将一滴红墨水滴进海洋里，一个小时后再去寻找那滴墨水的踪迹；你还可以想象在耄耋之年组织一次幼儿园时期的小朋友聚会，你走访各地的养老院，想找到当年那些曾在一个幼儿园里呆过的小朋友，这是多么困难啊！

第三节　百变星辰

一、恒星的一生

一旦恒星得以诞生，它们就要在接下来的几百万年，几十亿年甚至一百多亿年的时间长河里完成它们辉煌的一生，那确实是一段最不可思议的传奇。

恒星的命运完全由它们的质量所决定。例如，假若它们要"活"得长一些，它们就应该拥有小一些的质量，但假若它们不幸拥有了很大的质量，它们的寿命就很短，死亡的方式也很"辉煌"，它们会以爆炸的形式结束一生（图4.9），然后"变身"为一个黑洞或者会发射脉冲信号的中子星。

图4.9　一颗大质量恒星发生了爆炸

19世纪，法国天文学家查理斯·沃尔夫和乔治·拉叶发现了一种质量巨大的恒星，这种星后来被命名为沃尔夫·拉叶星。它们很大很活跃，质量至少是太阳质量的20倍，因此寿命非常短，一般只有几百万年。它们以超新星爆发的方式结束一生，然后坍塌成一个黑洞。假若恒星的质量比这颗沃尔夫·拉叶星小，它们的结局就可能不是黑洞，而是中子星了。蟹状星云中的中子星就是一颗比太阳大几倍的恒星爆炸后的产物。

但中等质量的恒星，如太阳，则并不发生爆炸。当一颗质量类

似于太阳的普通恒星处在"青年"阶段时，它的温度非常高，看上去颜色偏蓝，但一旦用完核心的氢燃料，它便进入"老年"，颜色开始变成橘红，结构发生重组，星体慢慢膨胀，直至变成一颗红巨星。

红巨星是个庞然大物，它的个头比以前大了 100 万倍，并且越来越亮，越来越大，乃至于吞掉了周围的行星，而这也正是我们太阳的宿命，因为太阳在几十亿年后就会变成一颗红巨星，那时它会吞掉水星和金星，甚至地球。那时太阳稀薄的外层大气还会为炽热的气体提供转变成尘埃的完美环境，于是太阳开始向四周释放尘埃。

接下来，红巨星继续变化，它内部的核反应越来越不稳定，有时温度骤升，热流四溢，有时又冷却下来，回归平静，因此红巨星时而膨胀，时而收缩。当它的能量再也无法支撑自身引力的时候，它便只好坍塌下去，于是它的中心变成了一个致密的核。开始的时候，这个核被一些星云状的物质包裹着，远远看去，就是一朵星云，但一段时间后，这星云散去，太阳终于变身成了一颗白矮星。

白矮星的颜色偏白，因为它还残存着能量，发出暗淡的白光。在寒冷的冬夜，假若天气晴好，你会看到三颗明亮的星：小犬座的南河三、猎户座的参宿四和大犬座的天狼星（图 4.10），它们共同组成一个等边三角形闪耀在冬季的夜空，十分醒目，称为"冬季大三角"。这个"冬季大三角"中的南河三和天狼星都各有一颗伴星，这两颗伴星正在渐渐地变得暗淡，它们都是白矮星。但白矮星在银河系中也十分普通，在今天，我们的银河系拥有几十亿颗这样的白矮星，因此白矮星在宇宙中并不少见。

图 4.10　天狼星是一个双星系统。这是"哈勃"拍摄的天狼星，
其左下方的小点是它的伴星，是一颗白矮星

二、能不能再小些

白矮星虽然失去了能量来源，但残存的能量依然使它发出光和热。从理论上说，它们应该最后完全冷却，变成完全不再发光的"黑矮星"，这个过程十分漫长，需要 100 亿年，因此白矮星有漫长的发热时间。正是由于白矮星冷却的时间十分长，所以在目前的宇宙中，人们推测还没有黑矮星存在，即使存在，由于这种星已完全没有了辐射，望远镜也很难发现它们。

那么在宇宙中，还有比太阳更小的恒星吗？

当然有，而且也不少。它们的质量大约仅为太阳的一半，温度更低，释放的能量也比太阳弱很多，远远看去，它们呈红色，这就是红矮星（图 4.11）。

红矮星的一生比太阳更漫长，因为它们体积小，温度低，能量

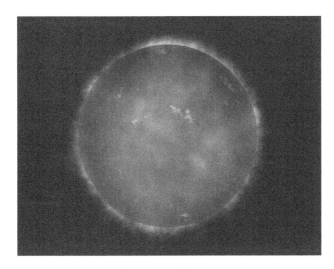

图 4.11 一颗红矮星

消耗十分缓慢，它们不会膨胀成红巨星，也不会变成白矮星，而是慢慢收缩，等待能量耗尽。直到今天，人们也没有在宇宙中找到任何垂死的红矮星，原因是，自宇宙诞生到现在，还没有任何红矮星走完它们的一生。

在恒星的世界中，红矮星的质量已经很小了，但恒星还可不可以更小呢？这就是美国科学家谢夫·库马尔一直在琢磨的问题。这位科学家的计算表明，当恒星小到一定的程度时，它们的质量便不能启动和维持氢的核聚变了，它们只能燃烧氘，但氘释放的能量十分微弱，与氢不能同日而语，所以燃烧的时间就很短，这样一来，这恒星就会变成一个没有完成的"半成品"。库马尔想，宇宙中有没有这种"失败的恒星"呢？

开始的时候，库马尔把这种"失败的恒星"称为"黑矮星"，但"黑矮星"是一个已有所指的名字，如前所述，它已被用来指称一种抵达了生命终点且已停止发光发热的恒星，所以人们觉得"黑矮星"

这个名字不合适，应该给它们重新取一个名字，如"恒行星""流产恒星"或者"亚恒星"等。

三、下起了"铁雨"

最后，天文学家决定称这种星为"褐矮星"，但这个名字也并非"名副其实"。事实上，假若用肉眼去看，褐矮星并不是褐色的。如果你乘坐宇宙飞船接近褐矮星，你可能完全看不到它，因为它发出的可见光非常少，但如果你靠得足够地近，你便有可能看到某些区域发出微弱的光线，因为那里的温度相对高一些，乃至于能够让你看到一些可见光，但那些光也不是褐色的，它极有可能是一种很深的橙色。

第一颗褐矮星是 1995 年发现的，这时已是预测这种星存在的 20 年以后了。为什么隔了这么长的时间呢？原来褐矮星很暗淡，发现它们要依靠望远镜观测能力的大幅度提高。

褐矮星形成于星际云的坍塌，拥有恒星的磁斑，有些还会像脉冲星一样发出射电辐射，这些都是恒星的特质，但另一方面，它们又在渐渐地冷却，因此温度很低，有些褐矮星的表面温度甚至比行星还要低。使用最先进的望远镜，人们甚至发现了表面温度只有 30 摄氏度的褐矮星，假若把褐矮星定位于恒星，这样的低温实在是太不可思议了！

由于温度低，一些褐矮星便有了很像行星的大气，形成奇妙的天气系统（图 4.12）。有时候，大气中气态的铁和硅酸盐会凝结成"雨"和"雪"，变成漫天飞舞的"铁雨"和"硅酸盐雪花"。你可以想象那熔化的"铁雨"从由炽热沙粒组成的"云"中倾泻而下的情景。很显然，淋一场这样的"雨"肯定是不好受的。

图4.12　褐矮星有很像行星的大气和奇妙的天气系统

既然褐矮星有如此明显的天气现象，它们就成了天文学家研究星球天气系统的绝妙"范本"。天文学家推测，随着望远镜观测能力的提高，到了人类能够很好地观测系外行星的时候，人们已经通过观测褐矮星学到了很多有关行星大气活动的知识了。

四、用望远镜探秘黑洞

红矮星和褐矮星都是比太阳质量小的恒星，在宇宙中，比太阳质量大的恒星也有很多，它们的"星核"会因恒星质量的不同而"大异其趣"，有的是中子星、有的是白矮星，还有些就变成黑洞了。

黑洞是宇宙中物质密度最高的地方，要了解那样的物质密度，你可以想象把一些东西装进一个只有戒指大小的容器中。假设你能将所有东西都压得非常非常小，然后放进去，于是，你将屋子中的书、衣服、家具装进了"戒指"中，但这还不够密，于是你将房子也装进去，但这仍然不够密，于是你将草木、山川、城市、河流、湖泊、大海、大洋……，就是说，你将整个地球都装了进去，这样

你才做了一个戒指大小的黑洞。

如此一来，黑洞便有了极大的引力，也有了一个名为"事件视界"的东西，它是一个围绕黑洞的"边界"。假若你靠近黑洞时脚先跨进这"边界"，你就会看到一件非常奇怪的事。由于你的下半身获得了更强的引力，你往下瞧时就会发现你的脚正在离开你的身体，结果你的身体像口香糖一样地拉长了，这就是物理学家所称的"意大利面化"现象，就是说，你的身体被拉得像一根面条。最后，事情变得更加不可思议，因为从理论上说，所有进入黑洞中心的东西都会变成一个"奇点"，这"奇点"具有一系列奇异的性质，如无限大的密度，无限大的压力，无限弯曲的时空等。

任何东西都无法从"事件视界"里面逃出来，包括可见光、X射线、红外线、微波，以及其他任何形式的辐射，所以黑洞是看不到的，望远镜也不能观测它。

不过科学家们还是有办法用望远镜捕捉黑洞的踪迹。原来，人们虽不能用望远镜直接观测黑洞，但"间接地"观测却还是可以的。例如前面说到，黑洞会"点燃"类星体，从而释放一道非常强大的粒子喷流，这喷流由气体和辐射组成，非常明亮，它完全能被望远镜观测到。研究这种喷流，人们就能间接地了解类星体中的黑洞了（图4.13）。

人们还可以观测黑洞周围发生的一些非同寻常的事件。例如，当一颗恒星坠入了黑洞，它会被撕碎，这时黑洞的周围非常热，破裂的残骸坠向黑洞，产生非常高的温度，从而发出耀眼的闪光。这无疑是黑洞导演的"闪光秀"，用望远镜观测这种"闪光秀"，人们就能知道很多与黑洞有关的秘密了。

图 4.13　黑洞会"点燃"类星体

第四节　我们自己的恒星——太阳

一、两个"太阳迷"

我们知道，在宇宙中，太阳只是一颗非常普通的恒星，当人们知道了这一点后，就把太阳当成了一个恒星的"标本"。人们通过研究太阳了解宇宙中的其他恒星，也通过研究宇宙中的其他恒星来了解太阳。通过对光谱的分析，人们知道了太阳的主要组成和远方的恒星是相同的。

1825 年，德国一位药剂师开始用一架小望远镜观测太阳。这位药剂师叫施瓦贝，他热爱天文且具有惊人的毅力。从 1825 年开始，施瓦贝坚持描绘太阳黑子，坚持了 20 年后，他发现了太阳的一个秘密——太阳黑子的出现和消失有明显的周期。

到了 1851 年，施瓦贝积累的观察记录已经相当可观了，他的有关太阳周期的发现也终于被人们注意到。这时人们才知道，原来，

黑子并不是随意出现的。开始的时候，黑子并不多，后来便不断增加，直到达到一个顶峰，然后又减少，最后减少到几乎没有，这个周期大约是11年。于是人们规定将黑子最少的年份作为一个太阳活动周期的开始年，称为"太阳活动宁静年"或者"太阳活动极小期"，而黑子最多的年份则称为"太阳活动峰年"。

过了没多久，另一位业余天文学家也有了惊人的发现，他叫卡林顿，是英国一个啤酒商的儿子，原来的志向是研究神学以谋取教职，不料进入剑桥大学后迷上了天文学，于是立志要成为一名天文学家。他建了一座私人天文台，日夜观测太阳和星星。

和施瓦贝一样，卡林顿也热衷于观测太阳黑子，他的目的是想通过太阳黑子确定太阳的自转周期。太阳在自转，这一点人们早就知道，最早是由伽利略发现的，他通过太阳黑子的活动推测了太阳的自转周期，认为太阳在以大约每25天一周的速度自转着。但卡林顿还有新的发现，他发现太阳赤道上的自转的确是25天，然而在纬度高一些的地方，自转却慢了下来。原来太阳各部分的自转速度是不一样的，这表明太阳不是一个固体星球，而是一个气体星球。

二、太阳上有亮光闪过

卡林顿还研究了太阳黑子的"出没"情况，结果他发现，黑子的出现和消失方式也有规律。开始时，它们离赤道较远，然后渐渐向赤道靠拢，在这个过程中，黑子的数量会越来越多。就这样，卡林顿观测太阳有了越来越多的发现。

然而最让卡林顿难忘的发现却是太阳上一次突如其来的闪光，那闪光发生在1859年9月1日。那天早晨，卡林顿突然在投影屏上看到太阳黑子群附近有亮光掠过，这令他惊讶万分。他冲出房间，

想找个人证明自己的发现，结果凑巧当时没有一个人在场，他只好又跑回来，而这时，闪光也变得微弱，不一会就消失了。

幸好，英国的另一位业余天文学家霍德逊也观测到了那道闪光。那闪光持续了大约 5 分钟，它是什么呢？

卡林顿认为，那是一颗大陨石落在了太阳上，其实那是太阳在"发脾气"，而且是很大的脾气。此后，人们将这件事称为"卡林顿事件"。

1859 年，人们已经开始使用电报，但时间并不长，电信网络还很脆弱。闪光出现几小时后，美国和欧洲的电报线便中断了，还频繁发生了火灾，更令人惊奇的是，一些居住地远离北极的人第一次亲眼目睹了美丽的北极光。

在 1859 年的那个夏天里，太阳上究竟发生了什么呢？那闪光发生后，科学家们很想弄清楚这个问题，然而几十年过去了，人们却再也没有看到那种闪光。大家猜想大约是太阳光球上的光线过于强烈，很多现象被光线淹没了，所以闪光难以看到，假若有一种特殊的太阳望远镜能把一些波长的光滤掉，只让某一种波长的光通过，那"闪光"大约就会"原形毕露"了。1892 年，美国天文学家海耳终于制造出了这种特殊的太阳望远镜——太阳单色光照相仪，他用这种仪器首次观测到了类似那种闪光的"爆燃的火焰"——这是当时人们的叫法，于是人们终于明白，那闪光是炽热的氢的短暂爆炸，和陨石毫不相干。

原来，卡林顿观测到的那个闪光是太阳的一次非同寻常的爆发性能量释放。到了 20 世纪 50 年代，人们才给这种闪光取了一个正式的名字——太阳耀斑（图 4.14）。

图 4.14　太阳耀斑

三、恒星都有"脾气"

太阳耀斑通常可以持续数分钟到 1 小时，其能量超过几千个核弹同时爆炸的威力。1859 年的那次耀斑特别大，在白光中即可看到，所以又叫"白光耀斑"。

那么太阳黑子又是什么呢？原来，太阳内部巨大的磁力环时常从太阳深处延伸出来，并一直冲出太阳表面，于是太阳表面便有了一些温度相对较低的地方，它们看上去比周围暗，形成了斑点，便成了"太阳黑子"（图 4.15）。太阳黑子反映了太阳磁场的状态，是太阳内部磁活动的"窗口"，它的变化是太阳传递给我们的"信号"，解读这种"信号"就能了解太阳内部的活动情况。

现在人们终于知道，当大黑子群出现的时候，由于太阳活动的加剧，太阳有时会突然在很短的时间里抛射极多能量，表现得非常

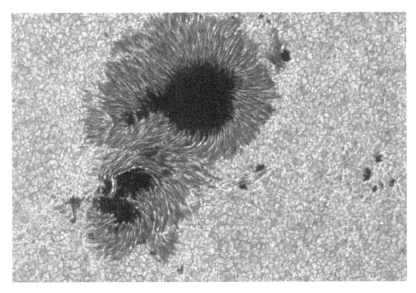

图 4.15　太阳黑子

狂躁，巨大的耀斑、壮观的日珥暴发、大量的日冕物质抛射如期而至。这些剧烈的活动被人们习惯性地称为"太阳风暴"。实际上，这种周期性的"发脾气"现象在恒星中很普遍。科学家曾用开普勒太空望远镜对很多类似太阳的恒星进行过观测，结果发现了很多耀斑，而且多比太阳强，这说明，我们的太阳并不特别，它既然是一颗恒星，发点"脾气"就不足为奇了。

　　事实证明，和一颗恒星生活在一起是危险的。假若在今天，太阳发了"卡林顿事件"那样的大脾气，我们的现代文明就会遭到沉重的打击，因为今天的社会高度依赖科学技术，复杂的电网和电信系统为整个世界提供着能源和信息支撑，我们须臾也离不开它们。一次类似"卡林顿事件"的太阳耀斑会令整个世界陷入一片混乱。

　　四、蒙德极小期

　　如此说来，用望远镜观测太阳就显得尤其重要了，但有时候，

人们发现，太阳会"不按常理出牌"。例如，到了一个新的活动周期，太阳本应该出现越来越多的黑子，然而，它依然很"宁静"，这种时候，人们就会疑惑，太阳怎么了？11 年的活动周期不灵了吗？

19 世纪末，英格兰天文学家蒙德在格林尼治天文台研究人类发现太阳黑子后积累的观测资料时发现，在 1645～1715 年的 70 年间缺乏有关太阳黑子活动的报告，于是蒙德认为太阳黑子活动存在着一种"宁静期延长"的可能性，他把这种情况称为"延长的极小期"。

"延长的极小期"一直没有得到重视，直到 20 世纪 70 年代，美国天文学家埃迪又重新研究了蒙德的报告。他发现，在蒙德提及的那 70 年间，有关极光的观测报告也几乎没有，而极光和太阳黑子的关系是成比例出现的。于是埃迪意识到，太阳黑子活动的"延长的极小期"在 1645～1715 年间确实出现了，他把这种太阳活动的极小期取名为"蒙德极小期"。

"蒙德极小期"和地球上的气温之间存在着某种联系，当它到来的时候，地球的气温会下降。在 17 世纪，正是不活跃的黑子活动配合频发的火山活动把当时的地球引向了寒冷的小冰期。不过到了 18 世纪，正常的 11 年太阳活动周期又复苏了。

那么"蒙德极小期"是否真是一种延长了的极小期？或者在"蒙德极小期"之外是否还有其他更多的太阳活动期呢？由于人类用望远镜观察太阳黑子的历史仅仅只有 400 余年，人们要准确回答这个问题还为时尚早，而只是知道，"蒙德极小期"很有可能给地球带来寒冷的天气，而太阳活动的活跃期则可能使气温升高。

第五节 妙趣横生的"天体运动会"

一、谁是高温的"王者"

天文学家用望远镜发现了很多星辰中的创纪录者，它们很有"个性"，各有绝招，有的寒冷之极，有的炎热异常，有的密度极高，有的速度极快，林林总总，异彩纷呈，它们依次亮相，堪称宇宙"超人"，其精彩的表现为我们展示了一个此前未曾一见的"新宇宙"。

恒星的"本领"首先表现在温度上。例如太阳，它的表面温度超过 5 500 摄氏度，应该很高了吧，其实和其他恒星相比，只能说不算太低也不算太高。在宇宙中，一种很大的恒星——蓝超巨星拥有更大的质量，它们的表面温度比太阳高 10 倍。

但蓝超巨星也不是宇宙高温的"王者"，因为人们发现了一颗白矮星，它的表面温度为太阳表面温度的 30～40 倍。

当一颗恒星变成了超新星，它的温度就更高了，其内部温度可以短暂地超过 60 亿摄氏度。1987 年，人们观测到一颗恒星在大麦哲伦云中爆炸了，那颗超新星的内部温度达到了令人瞠目的 2 000 亿摄氏度。

即使如此，这样的高温也依然不是宇宙高温的最高纪录者，它被来自遥远宇宙中的伽马射线暴远远地超过了。伽马射线暴在短短的一瞬间释放的能量是太阳一年辐射能量的几百亿倍，这时产生的温度可达到 10^6 摄氏度。

二、极寒之地

与极端的高温相对照的是，宇宙中也有不可思议的极寒。就我们现在所知，在太阳系中，最寒冷的地方出现在月球上。2009 年，"月球勘测轨道器"在月球南极附近发现了最寒冷的陨石坑永久阴影区，其温度为零下 240 摄氏度，表明那里甚至比遥远的冥王星还要寒冷。

在太阳系之外，极寒的地方无疑更多。科学家认为，宇宙中最为寒冷的地方可能存在于星际虚空中，那里除了微弱的宇宙微波背景辐射和遥远的星光之外，没有任何热源，所以那里的温度可能低至零下 270.15 摄氏度。

宇宙微波背景辐射是宇宙大爆炸的遗迹，其温度更低，你也许会以为，宇宙中不会有比这个温度更低的地方了，然而布莫让星云（图 4.16）会让你大吃一惊，这个星云距我们大约 5 000 光年，看上去像一个飞去来器，那里的温度甚至比宇宙微波背景辐射还要低，是目前人类所知的自然界中最寒冷的地方。

图 4.16　布莫让星云

三、争做"速度冠军"

离开宇宙中的极端温度王国，我们再到宇宙中的"极端速度王国"去看一看吧。首先让我们将视线投向水星，它是太阳系中运行最快的行星，其公转速度为每秒 48 千米，而地球仅为每秒 30 千米。不过水星的高速度在 1976 年被人类制造的"人工天体"——太阳探测器"太阳神 2 号"（图 4.17）超越了，它飞越太阳的速度超过了每秒 70 千米。

图 4.17　太阳探测器"太阳神 2 号"，它的运行速度超过了水星

在太阳系里，真正的极速冠军是来自太阳系之外的掠日彗星，它们通常以每秒600千米的速度掠过太阳，但即使这样也不能保证它们总能幸运地摆脱太阳的引力，因为人们观测到其中的一些彗星一头扎进太阳里，被太阳无情地吞食了。

在太阳系之外，宇宙中的"极速明星"应数"超速恒星"（图4.18），它们以每秒850千米的速度穿梭于银河系的边缘。它们中的每一颗都属于一个双星系统。几百万年前，这双星不慎太靠近银河系中心的黑洞，于是来自黑洞的强大引力便把它们拆分了开来，其中的一颗被黑洞所俘获，而另一颗则被黑洞以极大的力量抛掷出去，变成了"超速恒星"。

图 4.18　被银河系中心的黑洞抛出来的"超速恒星"

比"超速恒星"更快的速度发生在中子星上。当一颗大于太阳

很多倍的恒星发生爆炸时，它的中心部分会产生巨大的压力，乃至于使电子进入原子核，并与质子结合而成为中子，于是便诞生了一颗中子星。中子星在体积缩小时会加快转速且释放大量的能量。在宇宙中，它们每秒钟可以自转 1 000 圈，这意味着其表面的线速度可达到光速的 20％，真不愧为一个飞速旋转的"太空陀螺"啊！

四、亮和暗的两个极端

宇宙中有些恒星亮得不可思议，这为望远镜观测宇宙提供了一盏盏璀璨的"航标灯"。在我们肉眼看得见的范围内，可称得上最亮的星是猎户座中的一颗蓝超巨星，距我们 1 300 光年，它的亮度相当于 40 万个太阳的总合。在我们的银河系里，更远的亮星还有船底座的一颗不稳定的恒星，有时候，它发出的光可亮过 500 万个太阳。

出了银河系，宇宙中的亮星就更多了。天文学家在宇宙中找到了一个"创纪录者"，它的亮度为太阳的 900 万倍，这样的恒星通常消耗很快，所以寿命不长，大约在 300 万年以内。

宇宙中更亮的星自然是超新星了，它们的亮度甚至可以超过整个星系。人们在一个星系中发现了一颗超新星，它创造了恒星爆炸时亮度的最高纪录，其亮度相当于 1 000 亿个太阳发出的光。

但超新星也不是宇宙中亮度的王者，它又被伽马射线暴轻易地超过了。一次伽马射线暴所发出的光甚至比 10^{18} 个太阳还要亮。

假若你觉得超新星和伽马射线暴都是短暂和不稳定的现象，那么类星体就要榜上有名了，它们的亮度抵得上 $3×10^7$ 个太阳。

不过宇宙中也有十分暗淡的天体，例如一个距我们很近的星系，可算作银河系的近邻，但天文学家却一直没有发现它。为什么呢？原因是它太暗了，将这星系中所有恒星发出的光加在一起也不过为

太阳亮度的 300 倍。

人们发现，这个星系的总质量至少相当于 100 万个太阳，所以那些为数不多的恒星就都在以极快的速度运动着，这表明这个星系中存在着强大的引力，也暗示这个星系中的绝大部分物质是我们看不见的暗物质。研究表明，这个星系的实际质量是其可见物质质量的 1 000 多倍。

暗物质是人类探索宇宙的重要部分，甚至是破解宇宙之谜的钥匙，从这个意义上说，这个暗淡的星系就成了一个引人注目的天体，是天文学家重要的研究对象。只是它太"低调"了，不愧为宇宙中谦逊的"隐士"，因此人们直到 2006 年才知道它的存在。

五、黑洞中的"小不点"和"巨无霸"

黑洞是宇宙中最极端的天体，它们中的绝大多数是一颗巨大恒星的"变身"，这种大恒星至少比我们的太阳大 10 倍，当它们用完了自身的燃料，就会爆炸，发生坍塌，然后收缩再收缩，直到变成一个黑洞，这就是"恒星质量黑洞"，虽然这时的它已比当初的那颗恒星小得多，但它拥有的质量却和那颗恒星是一样的。

通常情况下，一个星系大约会包含 1 亿个这样的黑洞。天文学家估计，宇宙大约每秒钟就会产生一个新的黑洞。

"恒星质量黑洞"虽然也很厉害，但它们在宇宙中非常平常，只能算黑洞家族中的"小不点"，在黑洞家族中的大个子叫"超大质量黑洞"，这种黑洞可能拥有 100 万甚至 10 亿颗恒星的质量，就我们现在所知，它们是宇宙中力量极为强大的天体。它们控制着由几百万颗、几十亿颗乃至更多恒星组成的星系。银河系中的"人马座 A＊"就是这样的一种黑洞。那么"超大质量黑洞"是宇

宙中黑洞的"巨无霸"吗？

"超大质量黑洞"时常"点燃"类星体，从而在宇宙中制造非常强大的喷流，这道喷流由气体和辐射组成，非常明亮，能被望远镜观测到。由于现代望远镜正在变得越来越大，观测能力越来越强，所以人们便可以通过望远镜更仔细地研究这种喷流，从而更好地了解黑洞。天文学家使用钱德拉 X 射线太空望远镜观测了 18 个大型黑洞引发的喷流，并用这种方法间接地估计了黑洞的大小，让他们深感意外的是，有些黑洞是如此巨大，乃至于他们觉得应该用"极大质量"来表述才算合适。

"极大质量黑洞"所拥有的质量可能超过我们太阳质量的 100 亿到 400 亿倍，而此前人们还没有发现质量超过太阳 100 亿倍的黑洞，这个令人惊讶的新发现让天文学家对宇宙的演化产生了新的疑问。

假若一个黑洞的质量可以达到太阳质量的 400 亿倍，那么它们超强的引力便不是仅仅控制一个星系了，它们应该足以控制整个星系团或者星系群。这样大的质量必须在黑洞形成后的多少亿年里经过积累才能获得，但宇宙是如何做到这一点的呢？

原来，这种"极大质量黑洞"才是黑洞家族中的"巨无霸"啊！

六、"趣味天文学"

在宇宙中，人们发现了极大的恒星和星系，前者是一颗呈红色的恒星，直径达 30 亿千米，能吞并 80 亿个太阳；后者是一个遥远的星系，直径是银河系的几千倍。

人们在宇宙中发现了一颗很大的行星，距我们 1 500 光年，它是一颗气体行星，直径是木星的 1.8 倍，质量却只有木星质量的 88%，表明它的密度仅为每平方厘米 0.2 克，比软木塞的密度还要低，可

以轻易地漂浮在水面上（图 4.19）。

图 4.19　人们发现的一个气体行星，直径是木星的
1.8 倍，质量却比木星小得多

　　天文学家还发现了一个直径约为 10 亿光年的超级"空洞"，那里什么也没有，没有恒星，没有星系，也没有暗物质，只是一片虚空，甚至连宇宙微波背景辐射的温度也比其他区域低一些。

　　在宇宙中，中子星被认为是最圆的星，它们极高的密度使它们的引力相当于地球引力的 2 000 亿倍，这样的引力足以抹平中子星上的起伏，只留下极细微的凹凸不平，所以中子星上的"珠穆朗玛峰"只有 5 毫米高。

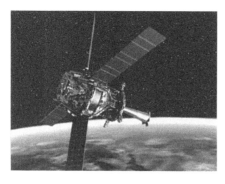

图 4.20　"引力探测器 B"安装了 4 个
"陀螺仪旋转球"

比中子星更圆的东西是几个人造的"天体"，安置在一个名为"引力探测器 B"的人造卫星上。"引力探测器 B"安装了 4 个"陀螺仪旋转球"（图 4.20），它们是 4 个乒乓球大小的石英小球，被用来测量时空在地球巨大质量的作用下如何

发生弯曲，从而检验爱因斯坦的广义相对论原理。"陀螺仪旋转球"是人类制作的最接近完美的圆（图 4.21），它们相对于完美球体的误差不超过 40 个原子的排列尺寸。

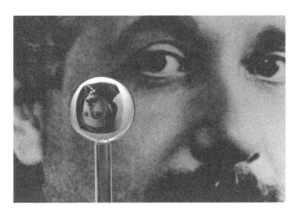

图 4.21　"引力探测器 B"的陀螺仪旋转球显映出爱因斯坦的
头像，它是人类制作的最接近完美的圆

　　不过宇宙中更圆的东西应该是黑洞的"事件视界"，它是一个包围着黑洞的圆，但并不是一个真正存在的圆，而且我们现在也观测不到它，但天文学家相信，未来的望远镜能够为黑洞的"事件视界"成像。到那时，人们就能看到那种圆，那将是我们能够看到的宇宙中最完美的圆。

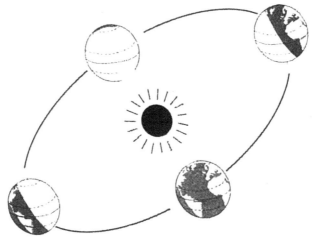

第五章

宇宙真相

第一节　没有昨天的一天

一、光的秘密

话说哈勃来到威尔逊山，用威尔逊山天文台（图 5.1）上的胡克望远镜观测了"星云"，结果发现很多星云远远"跑"到银河系外面去了，这说明它们不是"云"，而是和银河系性质相同的星系。就这样，哈勃把人类的视线带出了银河系，这就好比把一个人从一间狭窄的屋里带到了屋外，他的视野一下子开阔了。

除了研究那些星云的本质外，哈勃还想知道有关它们的更多秘密。例如，它们正在如何运动等。于是，哈勃又投入到了紧张的工

图 5.1　威尔逊山天文台

作中，他用了整整 10 年的时间研究星系。那时的设备很落后，很多事需要手工完成，所以哈勃必须整夜呆在望远镜旁，拍照、曝光、调试、分析。哈勃非常勤奋，那遥远的星系整夜伴着他，向他诉说宇宙的很多故事，而他和星系之间赖以沟通的语言就是光。光向哈勃泄露很多有关星系的秘密。

　　光是恒星和星系的重要特征，观测和研究光是探索宇宙的极为有效的手段。光不仅让我们知道了远方天体和我们之间的距离，还告诉了我们天体的物质组成。例如，通过对光谱的分析，人们知道了太阳和远方的恒星是同一种东西，它们的主要组成都是氢和氦，这使得人们明白了，太阳原来只相当于远方的一颗恒星。那除此之外，光还能告诉我们什么呢？

　　光在本质上是一种电磁波。现在让我们设想一下，当远方的一个星系径直地朝着我们飞来，另一个星系直接地离我们远去，它们在我们的望远镜中会不会呈现不同的情景呢？是的，答案是肯定的。

尽管星系离我们很远，它们的径向运动很难察觉，但星系的光却会呈现相应的变化。朝我们飞来的星系，由于高速运动，它的光波会压缩，从而变得短一些，使得光色偏蓝，表现在光谱上，它的谱线就会朝蓝端移动一段距离，称为蓝移；而离我们远去的那个星系，则会在高速运动中把波长拉长，使得光色偏红，表现在光谱上，它的谱线会朝红端移动一段距离，称为红移。这样一来，人们只要用望远镜观测到了星系的蓝移和红移，并确定了蓝移和红移的量，就能知道星系在如何运动了。

二、原来是这样啊

于是，哈勃在威尔逊山用望远镜观测了很多河外星系。假若我们生活在哈勃的那个时代，我们预计将会看到什么呢？我们预计将看到有些星系呈现红移，有些呈现蓝移，它们在数量上是差不多的，这是因为，在那个时代，人们对宇宙的看法是和今天不同的。

那时的人们大多相信宇宙是静态和永恒的，这种观点从很早就有了。例如，古希腊哲学家亚里士多德就认为，宇宙已经存在了无限久远的时间，它没有开端，也不会有终点。事实上，在并不是太久以前，几乎所有人也是这么想的。人们认为，时间和空间是绝对的，它们独立于宇宙之外，时间从无限的过去流向无限的未来；空间博大无边，没有疆界，没有止境，所有的物质——星系、恒星、行星和卫星都在这个绝对的时空中，在万有引力的统治下按部就班地运行着。这是一个多么美好的田园诗般的宇宙啊，它让人觉得无比安心并且真心地愿意接受它。

所以，假若我们生活在哈勃所在的那个时代，且相信传统的宇宙观，我们就会认为，星系的运动是随机的，有些朝我们飞来，有

些离我们远去，这还有什么值得怀疑的呢？

然而哈勃看到了完全不同的景象。通过艰难的努力，他得到了40多个星系的光谱。结果发现，几乎所有星系都呈现了红移。1929年，哈勃公布了他的观测结果，他对整个世界说，宇宙中的所有星系都正在离我们远去！

在接下来的一段时间里，哈勃一直很想搞清楚，那些星系在以怎样的速度远离我们呢？结果他惊讶地发现，那些星系远离我们的速度是如此之快，有的每秒几千千米，有的每秒上万千米，甚至更快；哈勃还发现，星系离我们远去的速度和它们的距离很有关联，越远，它们背离我们的速度就越快，于是他明白了，星系的退行速度是与它们的距离成正比的，这就是著名的"哈勃定律"。

三、勒梅特如是说

原来宇宙正在像一只气球一般地膨胀着。假若把宇宙中的星系比作这气球上的碎花点，那么当这气球越吹越大时，气球上的碎花点就会相互之间越离越远。知道了这个道理，又有了"哈勃定律"，人们就可以推算宇宙的年龄了，因为如果宇宙在膨胀，那么它的过去就一定比现在小，时间离我们越久远，宇宙一定就越小。这样一来，沿着时间回溯，人们就可以像看一段倒放的影片一样回到很久很久以前，那最终的目的地一定是一个点，宇宙中所有的物质都要回到那里去。今天，人们通过很多努力已经相对精确地推算出了宇宙收缩到那个点所需要的时间——137亿年，这就是宇宙的年龄！当然，这已是后话了。

当哈勃在威尔逊山正忙得不亦乐乎时，另外一位名叫乔治·勒梅特的人也正沉浸在一种玄妙幽远的思索中，原来他正在进行着他

的宇宙学研究。勒梅特是比利时人，当时正在比利时鲁汶大学讲授天体物理。1927 年，他发表了一篇描述宇宙起源的文章，但这篇文章并没有引起人们的注意。到了 1931 年，他的文章终于被人们注意到，并且引起了轰动。这时哈勃刚刚宣布他的观测结果，"哈勃定律"也为人知晓了。

在这篇文章中，勒梅特说，宇宙起源于一个原始原子的像放射性裂变一样的膨胀（图 5.2）。膨胀使物质向四周散开，形成了今天的宇宙。勒梅特认为，那原始原子虽然很小，却包含了宇宙中所有的物质，它的爆炸创造了一个不断膨胀的宇宙。

图 5.2 勒梅特说，宇宙起源于一个原始原子的
像放射性裂变一样的膨胀

　　很显然，哈勃观测到的星系红移恰好能够印证勒梅特的理论，正所谓"不谋而合"。这以后，人们就对此前的宇宙观开始产生一些怀疑。例如，有人想，假若宇宙是永恒的，没有起点和终点，那么宇宙就应该存在了无限久远的时间，这无限久远的时间必然导致一个结果，那就是星系在万有引力的作用下慢慢靠拢，所有物质会聚在一起，宇宙也会在碰撞中灰飞烟灭。然而正如大家看到的，这样的事并没有发生。

　　四、创世的 3 分钟

　　于是，人们对宇宙起源和演化的认识在天文望远镜观测到的事实面前分化成了两个主要的系统，一是以牛顿力学为基础的传统宇宙观，一是以勒梅特"原始原子"理论为基础的大爆炸理论。两种理论相互争执，不分胜负。这时，另一位传奇性的"科学超人"出现了，他叫乔治·伽莫夫，是一位物理学家、宇宙学家，也是一位科普作家。伽莫夫原是列宁格勒大学的物理学教授，1934 年移居美国。他声望很高，想法很多，还写作了大量优秀的科普作品，是一位重量级的科学家，他会把他解释宇宙起源的法码放在哪一边呢？

　　是的，伽莫夫对大爆炸理论投了赞成票。1948 年，他和他的学生在《物理评论》上发表文章说，宇宙是由温度极高，密度极大，体积极小的物质迅速膨胀而成的，其过程尤如一次大爆炸。这就是大爆炸理论的"热爆炸说"。这种学说将相对论引入宇宙学，认为宇宙最初开始于一个称为"奇点"的时空边缘。"奇点"不是宇宙，却是宇宙的出处，是一种无形的，无限小的存在。在爆炸发生之前，一切都没有，包括时间和空间，在这之后，宇宙开始拼命地膨胀，并"制造"出了各种各样的东西：星系、恒星、星云、行星、生命和文明……（图 5.3）。

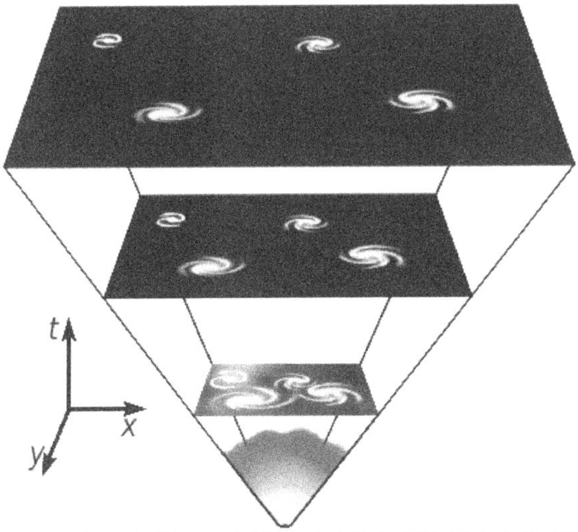

图 5.3　宇宙大爆炸示意图，显示了大爆炸后宇宙从高温高密状态到形成星系的过程

此后，伽莫夫和他的支持者做了大量研究工作，他们的理论越来越完善，获得的观测证据也越来越丰富。到了今天，宇宙大爆炸理论已经成了人们解释宇宙起源的主流理论。那么它是如何描述宇宙诞生的呢？现在，就让我们回到 137 亿年前，去看看那创世的一刻吧。

137 亿年前的某一天是一个“没有昨天的一天”，宇宙在一个类似爆炸的急速膨胀中诞生了。大爆炸一发生，新生的宇宙开始变凉，变稀。大爆炸后 0.01 秒，宇宙的温度高得惊人，约为 1 000 亿摄氏度，这时的宇宙处在一片混沌之中，其主要成分为光子和中微子。1 秒，宇宙温度下降到 100 亿摄氏度。由于密度减小，温度下降，光子通过反应变成了电子，进而聚合成中子和质子。13.8 秒，宇宙温度为 30 亿摄氏度，中子和质子已能形成像氘、氚、氦那样稳定的原子核，化学元素开始形成。3 分钟后，宇宙温度下降到了 10 亿摄氏度，宇宙中出现了氢和氦。有了氢和氦，宇宙便具备了最主要的原材料，宇宙的雏形由此形成。宇宙就这样仅仅用了 3 分钟的时间构建了它宏伟大厦的雏形。下一步，它将用氢和氦去制造灿烂的星系和恒星。

接下来，宇宙进入到一个演化的新阶段。30 万年后，宇宙中的中性原子开始形成，温度降到 3 000 摄氏度，绝大多数自由电子在化学作用下被束缚在了中性原子中。至此，宇宙的主要成分还是气态，但随着温度的进一步下降，它们慢慢凝聚成了密度较高的气体云，这些气体云又进一步聚拢成各种恒星和星系。经历了大约 137 亿年的演化后，宇宙终于成了今天我们看到的样子（图 5.4）。

图 5.4　这幅照片名为"哈勃极端深场"，是哈勃太空望远镜长时间曝光拍摄的，显示了宇宙诞生后不久出现的早期星系，证明宇宙确实在演化

五、大爆炸"余辉未尽"

宇宙真是这样诞生的吗？星系的膨胀就一定是宇宙大爆炸的结果吗？如果是，那必然会有辐射残留下来，相当于大爆炸的"余辉"，而且应该充斥整个宇宙，它们的波长会随着宇宙的膨胀被拉得越来越长，最终变成波长很长的"微波"，这就是宇宙微波背景辐射。这种辐射当初伽莫夫也预测到了，但人们在很长时间里却并没有找到这种辐射，这期间，"宇宙大爆炸"仿佛"停顿"了下来，好像要被人们遗忘了。

　　然而到了 20 世纪 60 年代，人们很偶然地捕捉到了那神秘的"宇宙微波背景辐射"。1964 年，美国贝尔实验室的两位科学家阿诺·彭齐亚斯和罗伯特·威尔逊在测试一架卫星天线时意外地检测到一种干扰测试的微波噪声。无论他们把天线指向天空的什么方向都不能排除那种噪声。最后人们确定，他们探测到的，就是宇宙微波背景辐射（图 5.5）。由于这个惊人的发现，彭齐亚斯和威尔逊获得了 1978 年的诺贝尔物理学奖。

图 5.5　彭齐亚斯和威尔逊就是在测试这架喇叭天线时意外地
检测到一种干扰测试的微波噪声

　　在此后的好多年里，为了确认宇宙微波背景辐射，科学家进行了大规模的探测。1989 年，美国发射了一颗专门用于探测宇宙微波背景辐射的卫星，它全面探测了宇宙微波背景辐射在各个方向上的分布，绘制了一幅宇宙早期的辐射图像，科学家们戏称它为"宇宙蛋"。2001 年，美国又发射了一颗名叫"威尔金森各向异性探测卫

星"的探测器，对宇宙微波背景辐射进行了更精确的测定，找出了宇宙微波背景辐射在温度上的微小差异。2009 年，欧洲空间局也发射了一颗名为"普朗克"的科学探测卫星，它也绘制了一个"宇宙蛋"。人们可以清楚地在这颗"宇宙蛋"上看到色彩斑驳的背景（图5.6），不同颜色表示物质温度和密度的微小差异，一些小的不规则区域变得越来越稠密，最终形成了我们今天看到的星系。

图 5.6 "普朗克"绘制的"宇宙蛋"，显示宇宙在只有
38 万岁时印在天空中的辐射图像

六、挑战层出不穷

星系的红移、宇宙微波背景辐射，加上人们对宇宙中轻元素丰度的观测，所有这些似乎都在支持大爆炸。然而，如何解释奇点呢？大爆炸理论说，宇宙开始于一个非常小的点，这就是奇点，可是奇点之外是什么？大爆炸之前有什么？这又该作何解释呢？是的，这的确是个问题，人们自然会有如此疑问。可是大爆炸理论认为，这不应该成为一个问题，因为按照爱因斯坦的相对论，时间和空间是合为一体的四维时空，所以奇点既是时间的起点，又是空间的起点。

霍金对这个问题也作了解释，他说，在广义相对论中，时间和空间不再是绝对的，不再是事件的固定背景，相反地，它们的形状要由宇宙中的物质和能量来确定，只有在宇宙中它们才能被定义，所以谈论宇宙开端之前的时空有点儿像在地球上寻找比南极还要南的地方一样，是没有意义的。也有一种猜测说，大爆炸之前也是一个宇宙，它收缩到高密的状态后发生了大爆炸，不过要证明这个就更加困难了。

大爆炸理论虽然解释了宇宙起源的一些现象，但它面临的挑战也是层出不穷的。例如，人们在研究宇宙的形状时，认为宇宙是平直的，但宇宙中的质量密度又远远不足以使宇宙处于平直状态。于是科学家认为宇宙中存在着"暗物质"，可"暗物质"是什么呢？在研究宇宙的年龄时，大爆炸理论认为，宇宙一直在加速膨胀，于是又引入"暗能量"这个提供斥力的概念，可是"暗能量"又是什么呢？目前这些都无法解释。

其实，对于人类来说，回答宇宙起源这种问题原本就是一次对思想能力的极限挑战，因为宇宙太辽阔太久远了，而人在宇宙中的存在又是如此渺小和短暂，以如此渺小短暂的存在去理解一种难以形容的无边和永恒，就仿佛一个小矮人在和一头巨兽进行着无谓的搏斗，又像是唐吉诃德在自不量力地进攻风车。然而，人类不懈的努力是有价值的，因为他们在接近真理。

第二节　元素进行曲

一、"原星系"

宇宙大爆炸刚一发生，宇宙中的物质非常简单，那时宇宙中并

没有恒星，只有一些巨大的气体云，它们的组成 90% 是氢，剩下的是氦。然而今天的天文学家用望远镜观测宇宙时，他们会发现很多更重的元素，而并不仅仅是氢和氦。回头再看看我们的地球，地球拥有 92 种自然的元素，如碳、氧、钠、金等，它们的原子都小得惊人，由已知的化学物质组成，每个原子都像一个太阳系，中间的核（即原子核）由束缚在一起的粒子组成，这些粒子被称为质子和中子。核中的粒子越多，这个元素就越重。

最轻的元素是氢，只有一个质子，是第 1 号元素；氦有两个质子，是第 2 号元素；人和其他生物含有大量碳和氧，碳和氧分别是第 6 号和第 8 号元素；钙大量存在于骨头中，是第 20 号元素；铁是第 26 号元素，它使我们的血液呈现红色。在元素周期表底部的自然元素是铀，它是自然界的"重量级"元素，有 92 个质子。科学家很想在实验室里制造更重的元素，然而极少成功而且寿命极短。

虽然我们都知道，所有的东西，包括光都来自于大约 137 亿年前的那次大爆炸，但一个不容忽视的事实却是，宇宙刚刚诞生的时候，它除了氢和氦以外，其他元素并没有出现。这样一来，我们周围的每样东西：石头、植物、动物、海洋中的水和空中流动的风；我们每天必需的食物和日常用品，自行车和手机，耳环和项链，我们身体中流动的血，还有骨骼和肌肉……，是怎么来的呢？

科学家推测，开始的时候，宇宙的确很简单，宇宙走向复杂，大约是从"原星系"起步的。宇宙中的氢和氦在引力的作用下彼此聚拢，变成了球状的气体云，这就是早期宇宙的"原星系"。在原星

系中，物质继续聚集，有些地方的密度变得相对大起来，形成密集的团块，这些团块经过进一步发展后就变成了恒星。我们的银河系和其中的恒星也是这样形成的（图5.7）。

图5.7　这个星云距太阳有2.2万光年，
正在以惊人的速度孕育恒星

二、宇宙的"大熔炉"

恒星出现后，宇宙就有了锻造元素的"大熔炉"，它们开始将较轻的元素"锻造"成更重的元素。但"熔炉"的温度是不一样的，所以它们的能力也不一样。通常情况下，一颗恒星的温度越高，它"锻造"的元素就可以越重。太阳的温度为15 000 000摄氏度，听起来似乎热得很，但在宇宙中却很平常，所以像太阳这样一颗中等大小的恒星不具备足够的温度去"锻造"比氦更重的元素，大体上说，它主要"锻造"氦。

要"锻造"更重的元素，宇宙中的"熔炉"必须比我们的太阳大得多，也热得多。如，一颗恒星要想"锻造"铁，它便至少要比

143

太阳大 8 倍，假若它还想"锻造"比铁更重的元素，它便必须通过更加剧烈的行为才能做到，这剧烈的行为就是爆炸（图 5.8）。爆炸制造了大量重元素，大量原子在爆炸中射向太空，它们一直流向非常遥远的地方。

图 5.8　恒星 W44 爆炸成了超新星，碎片四散
开来，其分布范围达 100 光年

但爆炸也不是恒星"锻造"重元素的仅有途径，有一种更加剧烈的行为也能"锻造"比铁更重的元素，如铂（第 78 号元素）和金（第 79 号元素），这种行为就是碰撞。哈勃太空望远镜曾观察到两颗致密天体——中子星的碰撞，天文学家接收到了由碰撞产生的光，从而获得了碰撞发生时的化学信息。这些信息显示，那次碰撞产生了大量黄金，其质量相当于月亮的好几倍。由于在一个星系中，类似的碰撞大约每 1 万至 10 万年会发生一次，所以天文学家认为，这样的碰撞可以解释宇宙中所有黄金的来源。

就这样，太空中出现了大量原子，其中一些来自相对温和的红

巨星，另一些来自暴烈的超新星。不管途径如何，它们都是被垂暮的恒星抛射到太空中的。最后，它们成为新一轮天体的原材料以形成新一代的恒星和行星。这个元素的重建过程十分漫长，需要好多亿年的时光，但宇宙不缺时间，它能从容不迫地完成所有过程。这表明，一个星系的寿命越长，它里面的重元素就越多。拿我们银河系来说，46亿年前，它里面比氦更重的元素只有1.5％，但今天，这类元素已占了2％。

三、从元素到生命

为了研究遥远的恒星，天文学家使用最先进的望远镜观测极为遥远的宇宙，这个时候，他们就变成了真正意义上的"时间旅行者"。他们必须观察非常遥远的过去，他们无法看到那里现在正在发生的事，因为那些恒星的光必须穿越辽阔的宇宙空间，这需要好多年，甚至好多万年好多亿年，所以，要描述恒星的诞生和死亡，天文学家必须使用"过去时态"。

于是有时候，他们便遭遇了非常奇怪的事。例如，他们竟能看到存在于宇宙早期的星系，那只是一个非常模糊的红点，几百颗恒星正在其中形成。那模糊的光线如同一个信使，它传递的是130亿年前的消息，但这消息被天文学家读到时早已不再是新闻，而是名副其实的"旧闻"了。即使这样，人们依然非常惊讶。因为按照先前的估计，宇宙早期的星系应该只有氢和氦，但人们却在那里发现了重元素和星尘，这就好像你原本以为在人类历史的早期只能发现一些简陋的村落，但你却找到了完整的城市。

看来宇宙有时真会让你"大吃一惊"。科学家推测，宇宙中能诞生大量恒星的星系并没有我们事先认为的那样少，那些星系就好比能快速制造恒星的"工厂"（图 5.9），它们在宇宙的早期就将重元素制造了出来。所以在宇宙的另一些地方，一些重元素产生得更早。

图 5.9　一颗恒星在浓密的分子云中诞生了

相比较这样的星系，我们的银河系在诞生恒星和制造元素方面就只能算是成绩平平了，但它还是在大约 50 亿年前将地球现存的 92 种元素制造了出来，那以后，引力将这 92 种元素拉在一起并形成了太阳系。几亿年后，地球诞生了。在接下来的大约 10 亿年里，地球上出现了生命迹象，虽然这件事是怎样发生的，至今也没有人说清楚过，但有一点是明确的，那就是万物来自于元素，而元素又来自于太空，是那些璀璨的繁星打造了我们这个五光十色的世界（图 5.10），这其中也包括我们自己。我们身体中的每个原子要么是恒星内部核聚变的产物，要么是恒星爆炸导致的结果。

上述的宇宙景象并不是仅仅依靠理论研究和建立一些宇宙模型就可以构建的，不错，它是望远镜告诉我们的故事。人们观测了宇宙中各种各样的天体，包括恒星、星系、星云、星团，还包括超新星、各种射电源和星尘，它们处在不同的年龄和发展阶段，从而让科学家"拼接"出了这样一个完整的宇宙传奇。

图 5.10　璀璨的繁星打造了我们这个五光十色的世界

第三节　隐藏的宇宙

一、"怪人"兹威基

在 20 世纪的上半叶，哈勃所在的威尔逊山仿佛成了"宇宙的中心"，那里有最好的望远镜，最杰出的科学家和最了不起的宇宙大发现，所以在天文学家的眼中，威尔逊山就像超新星一样"明亮"。

威尔逊山的不远处是美国加州理工学院，也是个藏龙卧虎之地，其中有位叫弗里茨·兹威基的人。大约就在哈勃忙着用望远镜观察宇宙的时候，兹威基从瑞士来到了美国。兹威基的父母是瑞士人，他自己则出生于保加利亚。1922 年，兹威基在瑞士的苏黎世联邦理工学院获得博士学位，此后移居美国，成为加州理工学院的天体物理学教授。据说兹威基性格古怪，他在加州理工学院工作了一辈子，思考了很多稀奇古怪的问题，但很少有人真正理解他。

兹威基对超新星非常感兴趣，他认为宇宙中的物质是沿着"从密向稀"和"从稀向密"两个方向演化的。例如，恒星平时将物质抛向宇宙，这就是"从密向稀"，而当恒星爆炸的时候，它们又向内部坍塌，把物质压缩得非常紧密，这就是"从稀向密"。根据这种思想，兹威基预言了中子星的存在。

兹威基对超新星的研究作出了很大贡献，"超新星"这个名字就是兹威基提出的。他对超新星进行了分类，并预测了星系中超新星的爆发率。他认为，在一个星系中，大约平均每300年会出现一次超新星爆发，这个频率竟然和此后人们用望远镜观测的结果非常相符。兹威基一生共发现了122颗超新星，即使在今天，他的这个纪录也没有被人打破。

兹威基还提出了"引力透镜"的假说。所谓"引力透镜"，就是恒星发出的光在途经某个区域时，因被大质量物质吸引而发生扭曲的现象。它能将背景星系的像扭曲放大成一个模糊的光弧，这种弧能为天文学家确定星系团中的质量提供依据。在今天，人们用引力透镜发现了宇宙的不少秘密，尤其是在寻找暗物质方面，更是建立了很大的功勋。

兹威基还提出利用 Ia 超新星测量遥远天体距离的想法。Ia 超新星是白矮星爆炸的产物（图 5.11）。当一颗白矮星和另一颗恒星发生了合并，它会发生爆炸。这时它发出的光相当强烈，亮度不亚于整个星系，这使得人们可以在很远的地方观测它们。除了亮，Ia 超新星的亮度还非常一致，这是因为白矮星的质量有一个上限，爆炸时大多接近这个上限，所以爆炸发出的实际亮度也就基本一样了。实际亮度一样意味着，观测一颗 Ia 超新星的亮度可以推测它和地球之间的距离，亮度高，表明距离近，亮度低，表明距离远，这正是

"量天尺"非常可贵的特性。这把"量天尺"比"造父变星"更"长",人们可以用它测量更远的天体。

图 5.11 这张照片展示了一颗典型的 Ia 超新星,
它显示在一个星系的左下方

在当时,"引力透镜"和 Ia 超新星并没有得到具体的运用,但几十年以后的今天,它们都成了人们研究宇宙的重要工具。

二、后发座星系团

1933 年,这位科学"怪人"又"语出惊人"了,他告诉人们,宇宙中绝大多数的物质是看不见的。我们看到的宇宙实际上只占整个真实宇宙的不到 10%,而另外 90% 以上的宇宙我们都完全看不见。在当时,这样的观点实在"惊世骇俗",几乎没有人愿意相信他。

然而兹威基却是有根据的,因为他研究了后发座星系团(图 5.12 和图 5.13)。他发现,这个大型星系团中的星系具有极高的运动速度，这样的运动速度必须有相应的引力才能控制，否则星系团中的各个星系根本无法聚集在一起。兹威基对后发座星系团的计算表明，仅靠这个星系团可见部分的质量根本无法维持星系团的运动，除非把这个质量扩大 160 倍，这就是说，如果只计算可见的部分，那么星系团的运动就无法解释了。这是怎么回事呢？兹威基想，一定有某种东西就在那里，但我们却看不见。这种看不见的东西没有确切的名字，人们就叫它"暗物质"。

图 5.12　后发座星系团，它有 1 000 多个星系

图 5.13　后发座星系团中一个漂亮的螺旋星系

今天我们知道，暗物质是确实存在的。人们猜测，暗物质在宇宙中应该能起到下列几项重要的作用。首先，它们把众多星系束缚在一起，使星系聚集成团；其次，它们推动星系的旋转；最后，它们促进星系的形成和发展，对星系和星系团的成形产生重要作用。

兹威基于 1974 年去世，他始终没能说服科学界相信他的暗物质理论，也没有在有生之年里找到暗物质存在的确凿证据。直到他去世 4 年后的 1978 年，人们才在精确的测算之后得到了一个确切的、令人信服的结论，这个结论无可辩驳地显示，宇宙中星系的总质量确实远远大于星系中可见星体质量的总和，这成为暗物质理论提出后获得有力支持的第一个重要依据。

三、竟然真的存在

兹威基无疑是一位大科学家，但他似乎一直没有成为一个家喻户晓的人物，和那些科学巨星如爱因斯坦、哈勃相比，他的身上并没有超级巨星的光芒，这一点倒很像他发现的"暗物质"。然而今天，人们用他的发现和他的理论认识了宇宙中的很多秘密，这时人们才知道，这很像"暗物质"的兹威基其实一点也不"暗"，他是 20 世纪星空中一颗名副其实的科学"超新星"。

但暗物质究竟是不是存在，这不能只局限于理论的推导上，人们需要实实在在地找到它。2006 年，科学家用钱德拉 X 射线太空望远镜和哈勃太空望远镜观测到了船底座两个星系团相互碰撞的景象，结果发现了暗物质确实存在的证据（图 5.14）。观测显示，当这两个星系团发生碰撞时，其中的普通物质由于相互排斥，相互挤压而出现减速，而暗物质则由于不产生相互排斥的现象而保持原有速度不

镜收眼底：天文望远镜中的星空

受影响地彼此穿过。于是，炽热的普通物质和暗物质被彼此分开了，速度快而跑在前面的应该是暗物质，速度慢而跟在后面的是普通物质。

图 5.14　"钱德拉"和"哈勃"在星系团中找到了暗物质存在的证据

在可见光波段，人们也发现了明显的"引力透镜"现象，从而确定最大的质量并没有出现在可见的部分，而是出现在了不可见的部分，这是暗物质存在的证据。

就这样，一种理论在它问世了几十年以后，终于被现代望远镜所证实。目前普遍认可的看法是，暗物质占宇宙总质量的 23%，而我们看得见的普通物质只占 4%，剩下的是暗能量。

有了暗物质理论，人们对早期宇宙的演化便有了更新的理解。人们猜想，宇宙中的物质在开始的时候呈现着一种相对均匀的分布，后来才逐渐发展成现在这种不均匀的分布，并在物质密度很高的地方产生了恒星、星系和星系团，而这都是暗物质的"功劳"，因为它们比普通物质合并得更早，从而构成了很大的结构，形成了一种至关重要的"背景"，那些可见的星系和星系团就是在这个"背景"的

152

基础上形成的。

四、搜寻暗物质的望远镜

由于暗物质不与电磁发生作用，人们无法直接看到它们，所以寻找它们的踪迹就成了一个大难题，但各种波段的望远镜还是能够在这方面大显神通。前面提到钱德拉X射线太空望远镜观测到了船底座两个星系团相互碰撞的景象，结果发现了暗物质存在的证据，这一发现又被哈勃太空望远镜在可见光波段所证实，而这以后，哈勃太空望远镜在观测暗物质方面又有新的建树，它通过观测"引力透镜"的方法帮助科学家绘制了一幅星系团中的暗物质分布图。

这个星系团名为"阿贝尔1689"（图5.15），距离我们22亿光年。由于"阿贝尔1689"含有大量暗物质，巨大的引力便使它宛若一个宇宙中的放大镜，它背后遥远星系发出的光都被这个"放大镜"扭曲和放大了。这种"引力透镜"效应有点类似"哈哈镜"，它把现实中的景物改变和增强

图5.15 星系团"阿贝尔1689"含有大量暗物质

了。正是这些变了形的影像为天文学家推测星系团中的暗物质提供了宝贵线索，从而让他们标示出了其中的暗物质分布情况。

事实证明，暗物质是能够被望远镜探测到的，但要了解暗物质的本质，人们还必须证明暗物质粒子是的确存在的，那么科学家该如何做呢？

一种方法是，在粒子加速器上把它们检测出来。科学家在粒子加速器中把粒子加速到接近光速，然后相撞，事实上，这就等于用人工的方法在粒子加速器中制造了一个"微型版"的宇宙大爆炸，模拟了宇宙诞生时的"大爆炸"状态，从而有可能将宇宙诞生时的暗物质粒子"撞"出来。

另一种方法就是使用特殊的望远镜。根据目前的理论，暗物质粒子衰变或相互作用后会产生稳定的高能粒子，如伽马射线、正电子、反质子、中微子等，因而测量这些高能粒子的信号就成为发现暗物质粒子的一种重要方法。为此，科学家研制了一些特殊的望远镜。例如，前面提到的"费米伽马射线太空望远镜"就是其中的一种，它曾在银河系中发现了两个"费米气泡"，其实，它也用于搜寻来自暗物质"湮灭"时产生的伽马射线。

另外，在南极，科学家建造了一个用来捕获宇宙粒子的"冰立方中微子观测站"，这个观测站用于监测中微子。当暗物质干扰其他星体而产生中微子的时候，这些中微子便能被"冰立方"监测到。中微子由于不带电荷，所以它们在飞行时不会受磁场的干扰而偏离方向，这样一来，如果捕捉到了中微子的轨迹，就可以追溯出它们的源头了。虽然中微子的来源现在还不是很清楚，但黑洞、中子星和暗物质都有可能是它们的源头，所以，追踪"冰立方"记录下的踪迹，也有可能找到暗物质的相关线索。"冰立方"也是一种观测暗物质的望远镜。

可以想见，在未来，随着望远镜观测能力的进一步加强，"隐藏的宇宙"也将一步步地显露出它的真面目。

第四节　宇宙命运的"末日猜想"

一、宇宙的"加速之谜"

假若宇宙起始于一次大爆炸，那么大爆炸以后，宇宙的膨胀方式会是怎样的呢？科学家猜测，宇宙的膨胀应该受到引力的牵制。引力仿佛是宇宙大爆炸的"刹车"，它会慢慢地使宇宙的膨胀变得慢下来。为了证明这一点，科学家们需要找到证据，方法是给遥远的天体定位，并测量它们如何运动。前面说过，人们在宇宙中发现过一种神秘的脉动变星，名为造父变星，这种变星的光变周期和光度之间存在稳定的关系，因而可用来确定天体的距离，所以造父变星被称为宇宙的"量天尺"。然而现在，当科学家想研究宇宙的膨胀时，这个"量天尺"已经不够用了，因为几十亿光年以外，造父变星已无法看见，因此必须寻找更"长"的"量天尺"。

他们找到的这把更长的"量天尺"就是兹威基曾经提到过的 Ia 超新星（图 5.16），这种超新星非常亮，能让天文学家在很远的地方观测到。但要研究宇宙的膨胀，仅仅看亮度还不行，还必须观测 Ia 超新星的光谱，测出其中的红移量。红移量能告诉人们，在这个超新星爆炸期间，宇宙膨胀了多少。假若科

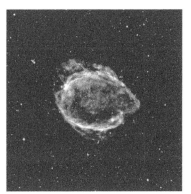

图 5.16　一个 Ia 超新星留下的遗迹。这种超新星成为人们研究宇宙演化的"量天尺"

学家观测了处在不同距离上的超新星，又把测得的红移量和距离对应起来进行了研究，便不难了解宇宙正在以怎样的方式膨胀了。

使用 Ia 超新星完成"量天"的任务，其中的甘苦自然一言难尽，但总的来说，科学家发现了一些遥远的超新星。出人意料的是，它们的星光比预期的要暗，这一结果令人大惑不解，因为这与事先的预测恰恰相反，说明宇宙的膨胀不仅没有越来越慢，反而越来越快了。

为什么宇宙的膨胀会变快呢？人们推测，一定有一种神秘的力量在与引力抗衡，这种不可见的力量导致宇宙加速膨胀。他们把这种力量称为"暗能量"。这就是科学家利用望远镜观测超新星发现宇宙正在加速膨胀的故事，其中 3 位有杰出贡献的科学家于 2011 年获得了诺贝尔物理学奖。

二、"刹车"和"油门"

暗能量构成了宇宙中不可见的主要部分，它可能占了宇宙总质量的三分之二。这说明暗能量的势力不小，忽视这股势力就无法解释我们今天看到的宇宙为什么是这个样子。然而，暗能量是什么呢？面对这道谜，人们非常困惑，也许未来的望远镜能帮助人们在宇宙中寻找到一些了解暗能量的"蛛丝马迹"。

科学家发现，宇宙很可能是在暗物质和暗能量的"博弈"中发展和演化过来的。暗物质产生引力，暗能量产生斥力，如果把引力当成宇宙的"刹车"，那么斥力就是宇宙的"油门"了。引力试图把物质结合在一起，而斥力则试图将物质分开。137 亿年前，宇宙大爆炸发生后，引力的确主宰着宇宙，那时是"刹车"占上风，宇宙的膨胀在一点点地慢下来，然而到了大约 70 亿年前，随着宇宙在膨胀中逐渐变得稀疏，引力逐渐变弱，暗能量便开始占据上风了，于是引力逐渐屈服于暗能量，"油门"开始发生作用，并最终把宇宙从减

速膨胀的状态扭转到加速膨胀的状态上来，这就是我们今天看到的宇宙。

现在人们已经清楚，暗物质和暗能量的总合竟占宇宙物质总质量的 96%，这说明，原来我们对 96% 的宇宙是不清楚的，这也是现代物理学和现代天文学面临的大困惑。

三、逃到"视界"之外

假若暗能量就这样一直加速着宇宙的膨胀，宇宙就会发生奇妙的事情。暗能量会使未来的宇宙看上去像一个内外颠倒的黑洞，它会在宇宙中制造一个"事件视界"，一旦天体越过了那"视界"，它们就会彻底地从我们的视线中消失，因为它们困在了视界的外面。当然，那将是很久以后才会发生的事。

到那时，银河系、仙女座星系以及其他围绕在我们周围的矮星系都已聚在了一起，并且演化成了一个巨大无比的"超级星系"，银河系的居民们所能看到的宇宙就是这个超级星系，而其他所有星系则全都离我们远去了。到那时，银河系的居民们在仰望星空时，他们能看到什么呢？群星，夜空依然布满群星，但那只是属于我们这个超级星系中的群星。假若制造出了望远镜，开始观测我们这个超级星系以外的宇宙，他们将发现，竟看不到任何东西！所有其他星系都消失了，它们都逃到了"事件视界"之外！

今天，用望远镜观测到的最遥远的星系正在向我们发送着神秘的光波（图 5.17），那光来自 130 亿年以前，那时，那些星系还处在它们的幼年时期。在宇宙未来的岁月里，银河系的居民们将会发现，那些星系首先从他们的视线中消失。由于宇宙的膨胀，它们的光线再也不能到达我们这里，人们永远也不可能知道它们以后的样子了。

图 5.17　这是人们发现的一个"最遥远星系"（放大的亮点），
人们推测，它形成的时候，宇宙只有 7 亿岁

　　到那时，哈勃关于宇宙膨胀的重要发现也将不会被银河系的居民们重新找到，因为所有随宇宙膨胀的物体都消失在了"视界"之外，只有被引力束缚在一起的超级星系被保留了下来，它是一个巨大的"宇宙岛"，被包裹在一片虚无中，像大海中的一叶孤帆，而系外的宇宙则仿佛笼罩着一顶黑洞洞的帐篷，什么"蓝移"，什么"红移"，一切都看不到了。

　　四、要么是烈火，要么是寒冰

　　那么，宇宙微波背景辐射呢？很可惜，情况也是这样。随着宇宙的膨胀，宇宙微波背景辐射的波长会变长，最后拉伸到极限，乃至于人们再也探测不到那种辐射了。于是，这个宇宙大爆炸最奇妙和最确凿的证据也被限制在了人们难以企及的远方。最终，那个遥

远时代的宇宙学家若要研究宇宙的历史，他们将失去有关宇宙大爆炸的任何线索，因而他们也就不会知道我们今天看到的众多星系曾经存在过的历史了。

许多科学家认为，我们正处在一个能够最大限度地破解宇宙之谜的难得的时代，但从上述分析中可以看出，这样的时代终将过去。由于宇宙失去了大量信息，宇宙的历史将可能永远不会被未来的人们所知道。

再往前，宇宙的密度还将变得更小，并最终化为一片死寂。不过，宇宙的命运也有其他可能，比如，假若引力重新接管了宇宙，宇宙就可能重新收缩，如果是那样，宇宙就将在一场剧烈的大挤压中走向终结；再比如，假若引力和斥力交替控制着宇宙，那么宇宙就会像弹簧一样地一伸一缩，直到平衡被完全打破。

总之，要么是烈火，要么是寒冰，宇宙最终的结局无非是其中的一种。当然，假若我们愿意相信天文学家今天的研究，即宇宙正在加速膨胀，那么，至少在目前看来，宇宙就更有可能终结于寒冰，这就是科学家对宇宙命运的"末日猜想"。

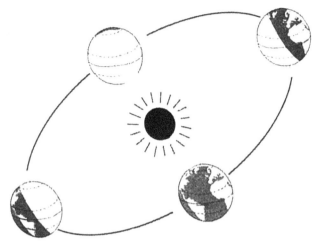

第六章

望尽天涯

第一节　寻找系外"生命行星"

一、会跳"摇摆舞"的恒星

　　20 世纪 80 年代，两位美国天文学家杰夫·马尔西和保罗·巴特勒决定搜寻太阳系以外的行星，这种行星被人们称为"系外行星"。这两位科学家知道，他们的望远镜不能直接看到"系外行星"，所以他们的方法是观测恒星，看一颗恒星是否出现了"摇摆"。"摇摆"是由行星的引力造成的，引力使恒星在"摇摆"中时而靠近地球，时而远离地球，因而从地球的方向看，恒星发出的光就时而呈现"蓝移"，时而呈现"红移"。假若一颗恒星的光谱像这样有规律地发

生着变化，那就说明它是在跳"摇摆舞"了。

事实上，我们的太阳就是一颗跳着"摇摆舞"的恒星，因为在太阳系里，木星的巨大引力使太阳在木星绕其一周的12年里有一个相当幅度的摇摆。两位科学家想到，既然木星能让太阳摇摆，那么在其他行星系统中，一颗类似木星的行星不是也可以让它的"太阳"发生摇摆吗？

在以后的许多年里，这个信念支撑着他们坚持搜索星空，他们坚信宇宙中很多恒星都拥有自己的行星，只是没有被人发现而已。然而8年过去了，他们的搜索一无所获，而就在这时，瑞士日内瓦天文台的两位天文学家米歇尔·马约尔和戴迪尔·奎洛兹却意外地测到飞马座一颗恒星存在着快得出奇的摇摆。经过一番验证之后，这两位科学家终于意识到，他们发现了一颗系外行星（图6.1）。

图6.1　人们在这颗位于飞马座的恒星周围发现了第一颗系外行星

　　这颗星很大，是颗很像木星的气体行星。令人惊讶的是，它离它的"太阳"是如此的近，乃至于只需 4 天就能环绕其运行一周，它上面的温度也因此高达 1 000 摄氏度。

　　事情真是出人意料，马约尔和奎洛兹似乎受到幸运之神的特别垂青，他们并没有特意寻找系外行星，却成了最早发现系外行星的人，那时是 1995 年。消息传到马尔西和巴特勒那里后，他们也并没有沮丧，反而深受启发，于是立刻用计算机分析了自己的观测数据。两个星期后，这两位科学家也找到了两颗系外行星。

　　二、不是太冷就是太热

　　恒星的周围可能有行星，这只需想想我们的太阳系就能得出这种结论，因为太阳就是一颗拥有行星的恒星；恒星的周围还可能存在生机勃勃的"生命行星"，这甚至只需想想我们自己就能得出这种结论，因为太阳就拥有一颗这样的行星，它就是我们生活的地球。那么，既然太阳能够拥有一颗这样的行星，宇宙中的其他"太阳"为什么就不能呢？

　　地球之所以"生机勃勃"主要是因为它处的位置非常好，它离太阳不近也不远，接收到的太阳热量不多也不少，所以地球的表面温度不高也不低。假若它离太阳近一点，处在金星那样的地方，它就会热得不得了；假若它离太阳远一点，处在火星那样的地方，它又会冷得不得了。然而地球非常幸运，它处在了"恰到好处"的位置，在这个地方，水可以呈现液态，既不会蒸发殆尽，也不会凝固不化，非常适合生命繁衍。

　　一般来说，恒星的周围都拥有一个这种"恰到好处"的位置，人们把这种地方称为"宜住带"，它是一个环绕着恒星的狭窄地带。

假若发现一颗行星幸运地处在了这个地带中，那就要注意了，它可能是一颗和地球类似的"类地行星"。

发现了第一颗系外行星后，接下来的事情就很顺利，系外行星被接二连三地发现。不过很快，科学家便有些失望了，他们原想会在恒星的周围找到"类地行星"，然而事与愿违，那些行星不是太热，就是太冷，更有些诡谲怪异的家伙，很像我们太阳系中的木星（图 6.2），个头很大，是气体星，而且非常热，所以人们又称它们为"热木星"。

图 6.2　最初发现的系外行星很像我们太阳系中的木星

三、和太阳系没法比

再往后，随着望远镜观测能力的增强，人们寻找系外行星的水平大幅度提高，人们甚至直接用望远镜看到了几颗围绕恒星运行的系外行星，这在以前是难以想象的事情，因为系外行星离我们太远了，还处在恒星明亮的光芒之下，要想用望远镜直接看到它们就好

像你站在几千米开外企图发现一只在探照灯下飞舞的萤火虫一样，是很不容易做到的事情。

于是，为了找到更多的系外行星，天文学家就想出了多种方法，其中的"凌星"法很适用于搜索地球一般大小的岩石行星。

"凌星"的原理是捕捉行星经过恒星表面时恒星光线的微弱变化，这需要望远镜对光线非常敏感。例如，一架名为"科罗"的太空望远镜，它能发现个头仅为地球二至三倍的系外岩石行星，因为当恒星的光稍稍被遮挡了一点点，它就能敏感地知道。除了"科罗"外，开普勒太空望远镜更是一个使用此种方法捕捉行星的"高手"（图6.3），它比"科罗"更有能耐，因为即使那躲在恒星光芒中的行星只有地球一般大小乃至于比地球更小，"开普勒"也能发现它（图6.4）。

图 6.3　开普勒太空望远镜

由于采用了多种搜索系外行星的先进方法，人们便相继找到了越来越多的系外行星，包括一些比"热木星"小的岩石行星，甚至

图 6.4　开普勒 186f，这是开普勒太空望远镜发现的一颗很像地球的系外行星

还发现了完整的行星系统。例如，有颗恒星的周围就拥有 7 颗行星，位于距我们 127 光年的地方，看上去，这个系统就仿佛是宇宙中的另一个太阳系，然而它的环境和太阳系没法比，它的多数行星都是如海王星一般大小的气体星；只有一颗被认为与地球的质量相当，也是岩石行星，但它和恒星的距离又近得出奇，其"一年"的长度仅为地球的一天，根本不在宜居带中，这样的行星一定太热，生命不可能在上面存在。

四、希望很多，失望也多

有时候，人们也会发现很有希望存在生命的行星。例如，一颗距地球 20 光年的红矮星就吸引了科学家的视线。这颗星位于天秤座，叫葛利斯 581。它的周围有好几颗行星，其中的有些看样子非同一般，它们所处的位置非常理想，这让科学家们信心大增（图 6.5）。事实上，随着望远镜观测能力的提高，这样的发现已经变得越来越多。有人认为，发现一颗和地球相似的行星只不过是时间的问题了。

然而，事情又总是变得"不确定"起来，那些星球离我们那么

图 6.5　红矮星"葛利斯 581"和它周围的行星

远，要印证它们存在生命是非常困难的，倒是很大的希望之后接
踵而来的常常是很大的失望。例如，"葛利斯 581"的周围有一颗
最被看好的行星就遭到了质疑。人们认为，这颗行星可能并不
存在。

　　不过有时候，情况又确实令人鼓舞，例如人们在船帆座也发现
一颗行星极有可能非常"宜居"，它距地球 36 光年，用目前人类的
航天能力衡量这个距离实在是远得很，前往那里最快也要几十万年。
然而从宇宙的尺度看，这颗行星其实离我们是很近的，甚至可以说
"近若比邻"。说到底，人们用望远镜对系外行星的探索只能算是刚
刚起步，未来的路还很漫长。随着望远镜的观测能力越来越强，谁
也不能确定在未来还会发现什么。

　　对于寻找系外"生命行星"，人们的看法很不一样。有人认为，

随着望远镜观测能力的进一步提高，人类很快就能找到这种行星，而另一些人则认为，在宇宙中，像地球这样的行星是很难找到的，因为一颗这样的行星要在宇宙中产生，它所需要的条件实在太苛刻了，宇宙中除了地球外，可能并没有这样的地方。

第二节　换一种思路吧

一、不要忘了红矮星

以前，人们关注的是和太阳类似的恒星，热衷于在这种恒星的周围寻找所谓的"另一个地球"。这样的恒星在大小、温度和亮度上都与太阳相似，人类依据自身的经验会很自然地认为，在宇宙中，生命形式应该更有可能存在于这样的"太阳"周围，这是非常合乎情理的判断。

正是出于此种原因，开普勒太空望远镜的搜索目标才主要集中在类似太阳的恒星周围，然而结果却并不理想。

20世纪90年代，科学家确定了恒星宜居带的位置。大致上说，这个位置存在于什么地方取决于恒星的质量和年龄，这两个要素决定恒星辐射出多少光和热，发出的光和热越多，它的宜居带就离恒星越远，反之就越近，所以每颗恒星的宜居带所在的位置都是不一样的。

进入新世纪后，由于人们对宜居带的参数进行了修改，这个地带便向远离恒星的地方移动了一段距离。这样一来，接下来的一连串事情就都跟着改变了：一些以前认为处在宜居带中的"类地行星"，此时因为这个修正而"漂移"到宜居带的外面去了，而另一些原本以为在宜居带之外的行星则"漂移"到了宜居带的里面来。于

是，那种偏冷又偏小的恒星——红矮星就在这次修改后引起了人们更多的关注，因为宜居带的变更使得红矮星的周围更有可能发现"类地行星"。

鉴于上述原因，科学家便把寻找地外生命的视线也转向了红矮星。由于红矮星温度低，质量小，它们的宜住带离恒星就很近，在那里运行的行星也更容易被发现。

针对于红矮星的行星搜索，詹姆斯·韦伯太空望远镜被寄予很大的期望（图 6.6）。人们相信，这架望远镜将很善于在红矮星周围发现"生命行星"，原因是当行星穿越红矮星表面时，"詹姆斯·韦伯"有希望捕获它们的低分辨率大气光谱，从而让科学家知道大气中是否含有水、氧或者甲烷等。也许未来的望远镜可以搜寻到这种奇妙的"生命之光"，人类寻找系外生命的探索活动也将由此进入一个全新的阶段。

图 6.6　测试中的詹姆斯·韦伯太空望远镜的部分镜片

二、到白矮星那里去

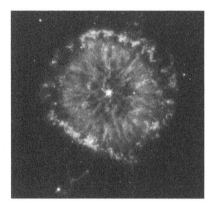

图 6.7 一颗白矮星和它释放的星云

与此同时，天文学家也终于想到了白矮星。我们知道，白矮星是一种致密的恒星，是类似太阳的恒星死亡后的"化身"，它们虽然停止了"制造"热量，但还在发挥着"余热"（图 6.7）。人们还发现，行星似乎拥有"迁移"的本领。例如，一些类似木星的系外行星就会出现在离它们的恒星很近的地方，而这种行星通常只能形成于离恒星很远的地方，这表明它们是迁移过来或者被某种力量从很远的地方弹射过来的。

行星要学会"迁移"，这在白矮星周围尤其重要，因为白矮星的热量很少，行星离得远了，就会冷得出奇，很难产生生命。科学家设想，如果一颗行星形成于离恒星很远的地方，那么它可以在恒星变成白矮星后"迁移"到白矮星的面前来，这样它就能够接收到白矮星发出的足够多的光和热了。

白矮星不仅拥有足够的热量，而且在它周围发现行星可能更加容易，原因就在于这种星非常小。假若是太阳那么大的恒星，当一颗地球大小的行星经过它的表面时，它只会遮挡恒星很少一点的光，只有非常昂贵的望远镜，如开普勒太空望远镜能够观测到这种细微的光的变化，但白矮星就不同了，它们通常只有地球一般大小，一颗地球大小的行星经过白矮星的表面就意味着可以把它所有的光都遮挡住，这种变化十分明显，利于观测。

三、白矮星周围的生命世界

假若在白矮星周围真的找到了一个"地球"，那么这"地球"上的风景会如何呢？它会与我们在我们自己的地球上看到的景物一样吗？回答是否定的，因为白矮星和我们的太阳非常不同，它的温度很低，亮度看上去只有太阳亮度的万分之一，所以假若一颗行星要从白矮星那里获得足够多的热量，它便必须呆在离白矮星非常近的地方。在这种行星上，一年的时间是非常短的，只有 4～32 小时。如果时间更长，那就表明行星离白矮星的距离太远了，它的上面会是一个寒冷得不可思议的世界，不可能存在生命。当然，时间更短也不行，如果时间更短，那就表明行星离白矮星的距离太近了，它会被白矮星强大的引力撕成碎片。

此外，由于白矮星的引力非常强，那行星便会始终以相同的一面对着白矮星，它的公转周期和自转周期是一样的，所以它的一天和一年就是一回事。这种情况还意味着，在面对白矮星的那一面，"太阳"始终不会落下，而背对白矮星的那一面则永远是冰冻的黑夜。

白矮星强大的引力还会使行星的轴竖立起来，而不会倾斜，这又意味着在这种行星上不会出现季节的变更。居住在这样的行星上，你几乎不可能看到"月亮"，因为白矮星强大的引力会将靠近它的物体弹开，所以它的行星不大可能拥有卫星。

不过也并不是所有的景物都与我们的地球不同。例如，作为白矮星的"太阳"，它就有可能很像我们在地球上看到的太阳，甚至包括它的颜色。尽管一颗白矮星的直径可能只有太阳直径的千分之一，但由于它离行星非常近，所以看上去就可能和我们的太阳差不多大

小。假若在这颗行星上，它的大气组成也与地球相同，那我们还将看到，它的天空也是蓝色的。只是在这种行星上，你只能生活在明暗交界的地方，所以你将看到这轮红色的"太阳"始终停悬在天边，它永远不会升起，也永远不会落下。

第三节　嗨，小绿人

一、"外星人"猜想

前面说到，在人们发现射电脉冲星的时候，面对那神秘的射电脉冲信号，科学家首先想到的并不是中子星，而是"外星人"，即所谓的"小绿人"。他们推测，脉冲信号是"小绿人"发出的，"小绿人"住在某颗行星上，并围绕它们的"太阳"旋转。这个猜测之所以后来被推翻，是因为他们又发现了另外三个也发射这种脉冲信号的射电源，"小绿人"的猜测才被抛弃。

但"小绿人"的猜测不合理吗？也不是。随着人类对宇宙理解的日益加深，人们越来越觉得，恰恰是那种认为宇宙中除了人类之外不会有其他智慧生命存在的想法才是不合理的，这一方面是因为人们认识到，宇宙是如此辽阔，我们没有理由认为只有我们的太阳系能孕育像地球这样的生命星球，而其他地方就一定不能；另一方面，人们又发现，生命的适应能力是非常强的，能在很多连我们都想象不到的地方生长繁衍。假若在我们的地球上，生命能够从低级进化到高级，进而演化出智能生命，创造出地球文明，那么在其他星球上，同样的事情为什么就一定不会发生呢？

这就是为什么许多科学家坚信存在"外星人"并且坚持不懈地寻找他们的缘故。人们还认为，在辽阔的宇宙中寻找智慧生命，最

理想的办法就是利用射电波。因为射电波以光速传播，效率高，速度快，花费不大，切实可行。

1960 年，著名的"奥兹玛计划"正式启动，它翻开了人类利用射电望远镜搜寻地外文明的崭新篇章，也标志着持续了半个世纪的"探索地外文明"（SETI）活动拉开了序幕，这是人类第一次有目的、有组织地实施寻找"外星人"的计划。

天文学家使用射电望远镜搜索来自宇宙空间的射电信号并企图从这些信号中发现有独特生物学特征的信息。他们还用口径 305 米的阿雷西博射电望远镜向银河系的武仙座球状星团 M13 发送了一次专门针对外星人的射电波，这样的射电波相当于一封发给外星人的"电报"，内容是一连串数字，它们构成了一幅由 1 和 0 组成的电码图，其含义包括氢、碳、氮、氧、磷等元素的原子序数，人类的 DNA 构造，人体的外形和身高，地球在太阳系中的位置等。

M13 包含几十万颗恒星（图 6.8），距地球 2.51 万光年，因此这份"电报"大约要在宇宙中"旅行"25 000 年才能抵达目的地。假若"外星人"收到了这份"电报"并且向我们作了回复，那么又需要 25 000 年才能被我们接收。

图 6.8　武仙座球状星团 M13
包含几十万颗恒星

二、对宇宙文明的推测

然而可以肯定的是，尽管科学家作了很大的努力，但至今还是没有证据证明任何来自宇宙的射电信号是由地外智慧生物发射的。难道我们在宇宙中果真是孤独的吗？

宇宙中，除了地球文明之外，究竟有没有其他文明？如果有，那文明又会是怎样的一种情景呢？对于这种疑问，苏联天文学家尼古拉·卡尔达舍夫是这样回答的：一个文明的结构是遵循着一种自然的和不可避免的道路发展下去的。开始的时候，他们占据的区域很小，但接下来便会发展壮大而占有广阔的空间。卡尔达舍夫断言，宇宙中的文明，如果不是注定要自我毁灭，它们中的绝大多数一定比我们古老和先进得多。想想我们自己吧，我们的道路、城市、乡村和田野已经覆盖了几乎整个大陆，我们的太空船已经越过了或者至少接近了太阳系的边界，而做到这一切，人类只用了几个世纪的时间。假若一个文明存在的时间是几百万年，甚至几十亿年，那会是一种怎样的情景呢？卡尔达舍夫认为，那样的文明有可能在宇宙中布设了巨大的"人造物体"，包括机械、工程、发电系统等。他推测，文明存在的时间越久，那些物体所具有的体积、质量就越大，释放的能量和信息就越多，从而也就越容易被我们用望远镜观测到。

对于那样的文明，还有一个人也做过精彩的描述，他就是美国科学家弗里曼·戴森。1960年，戴森提出了一种名为"戴森球"的理论。他认为，一个高度发达的文明应该有能力将它们的"太阳"用一个巨大的球状结构包围起来，这样一来，"太阳"的几乎所有辐射就都可以被截获了，这个文明也就能获得充足的能源使其发展到

足够高的程度，这就是"戴森球"（图6.9）。戴森设想，这样的文明应该有能力构建围绕恒星旋转的众多"岛屿"。几千年，几万年，甚至几百万年后，它们的"太阳"便完全被这些"岛屿"包围起来了。

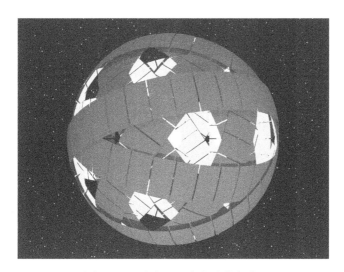

图6.9　一种由环组成的"戴森球"

在我们看来，"戴森球"的规模几乎是难以想象的，它的半径相当于地球公转轨道的半径，面积是地球表面面积的一亿倍。没有人认为建造这样的工程是容易的。科学家推测，这样大的物体更有可能是分散着存在的，与其叫它"戴森球"，还不如叫它"戴森云"。戴森自己也没有仔细考察这种建筑的细节，所以他的描述也是建立在推测之上的，并没有办法评估这样的工程。

三、用红外望远镜搜寻"戴森球"

"戴森球"如果真的存在，它便可能将恒星的光线完全遮挡住，我们用眼睛无法看到它们，但它们会散发热量，从而释放红外辐射。20世纪60年代，美国天文学家和科普作家卡尔·萨根推测了一种可能，他说，假若用红外望远镜发现了一个发热的天体，

而在可见光波段又没有任何影像，那么这个天体就可能是一个"戴森球"。

然而宇宙中非"人工"的物体，例如，非常年轻和非常古老的恒星也经常被尘埃和气体包裹着，那些尘埃和气体遮住了恒星的可见光从而散发红外辐射，这就很容易和"戴森球"相混淆了。

不过在这种时候，红外辐射的光谱会帮助人们加以辨别。通常情况下，尘埃和气体中的硅酸盐会形成光谱中独有的"宽峰"，而炽热气体中的分子也能制造更亮和更暗的谱线。相比较而言，来自"戴森球"的红外光谱则应该是光滑和单调的，所以红外光谱是否光滑和单调，可能会成为一种鉴别"戴森球"的重要方法。

鉴于上述原因，科学家们就会通过分析红外光谱来鉴别天体散发的余热，现在的望远镜，如"广角红外探测望远镜"（图6.10）和"斯皮策太空望远镜"就能从事这样的工作。另外，一个拥有"戴森球"的外星文明理应存在了至少几百万年，他们必定会在它们所在的星系中开拓殖民地，他们把"戴森球"从一个地方推广到另一个地方，致使他们的"地盘"在星系中不断扩张，这样的扩张甚至是一种必然的结果，因为一旦你拥有了能够自给自足的"星际殖民地"，你就必将向整个星系扩张，你甚至没有办法让这种扩张停顿下来，原因就在于，你已经不能协调所有殖民地的行为了。假若这样的事情发生在银河系里，那么我们便应该在很多地方找到"戴森球"，所以从情理上说，只找到一个或者很少的"戴森球"，这反而是奇怪的。

按照卡尔达舍夫说法，一个文明假若掌握了整个星系的能量，

图 6.10　红外望远镜可用于搜寻"戴森球"，图为"广角红外探测望远镜"

那么它就属于"第三类文明"，而次于这种文明的"第二类文明"和"第一类文明"则分别只掌握了某一恒星和某一行星的能源。有科学家相信，假若一个星系中存在"第三类文明"，那么由于"戴森球"的大量增加，星系的颜色就会越变越红，人类的红外观测即使在十亿光年之遥也能发现它们，而假若这种变化发生在整个星系团中，那么观测的距离还可以更远。

四、寻找"古怪的星光"

假若外星文明的"戴森球"只是一些很薄的环或者是"戴森云"，那么就必然存在缝隙，恒星的光会通过缝隙泄露出来，在这种情况下，搜索这样的光线也就成为发现外星文明的重要方法了。现在的望远镜，如开普勒太空望远镜就很擅长做这样的工作，它还擅

长寻找相对小一些的"人造物体"，因为这种望远镜可观测恒星光度的微小变化。事实证明，"开普勒"的这种本领非常出色，所以人们可以继续研发类似的望远镜以搜索宇宙中那些以非同寻常的方式变得暗淡的星光。假若它们用自然现象无法解释，那就可能是宇宙中的"人造物体"了。

当一个物体经过恒星的表面，它必然会遮挡住一部分光线，我们在地球上观测时，恒星的亮度就暗一些，这样的变化可以用一条"光变曲线"来表示，它显示恒星的光在一段时间里发生了怎样的变化。假若一个物体大到了一定的程度，比如和一颗气体巨行星一样大，那么灵敏的太空望远镜就不仅能观测恒星的光的变化，还能依照"光变曲线"猜测出它的形状来。如果这个物体不是圆形而是某种特别的形状，如长方形，那么就有可能是外星文明的产物了。

图 6.11　戴森云

事实上，这种巨大而单独存在的物体有可能比"戴森球"的寿命更长，而寿命越长，被人类观测到的机会就越大。通常情况下，一个"戴森球"如果是以"戴森云"（图 6.11）的形式存在，它的寿命就会短一些，因为这种结构一旦被遗弃，它就会不稳定，容易解体，而"戴森环"或者"戴森壳"则不易出现这种情况，即使被遗弃在太空中，它

们也可以存在几十亿年。

五、寻找人工制造的"全球变暖"

但新奇的光变现象并不一定意味着外星文明，它们也可能只是一些自然现象，只是这些自然现象也同样需要得到科学的解释，所以发现它们也同样是有价值的。

某些未来学家设想到了一种情况：有些"戴森球"很可能非常难以探测到。这些科学家说，就宇宙中的"戴森球"而言，最有效率的结构应该是一种"系列化"了的设计，它是嵌套式的，一层套着一层，由一个巨大的超级电脑控制，而越靠外的层面，其余热就越低，到最外层时，它的表面温度可能仅仅比宇宙微波背景辐射高一点点了。这样一来，不论是红外观测还是可见光观测都很难发现，所以这样的"戴森球"即使离得我们很近也难以为我们所知。

还有一种情况，那就是人们用望远镜在宇宙中发现了神秘的"人工合成"气体。现在使用最先进的望远镜，就已经能探测行星大气中的化学组成了，人们可以用望远镜在行星大气的光谱中寻找二氧化碳、甲烷、水蒸气和钠。这些物质在一些巨行星上比较容易观测，但比巨行星小得多的类地行星就不容易了，然而从理论上说，这样的观测在类地行星上也是同样可以进行的。在未来，随着望远镜观测能力越来越强，观测到类地行星的大气组成便越来越有可能。科学家推测，假若有一天人们在类地行星的大气层中发现了"人工合成"的气体，那么就有理由认为，我们找到了一个潜在的"外星文明"，因为这类气体很有可能是被外星文明用来"加热"行星的，目的是使一些寒冷的行星变得适宜居住起来。

从情理上说，这样的推测是有道理的，因为在遥远的星际空间里，假若真有暗示星际文明存在的证据，那么"人工制造"的"全球变暖"也许更能说明问题，它应该被当作星际文明存在的一种信号。例如，人类若要开拓火星，最有可能考虑到的方案就是改造火星的气候，使它变得温暖起来，这样的办法假若能够被我们想到，那"外星人"为什么就不能同样想到呢？

第四节　幸亏有了望远镜

一、创世的星云

尽管望远镜已经发展到了非常现代化的地步，但人类在整个宇宙中了解得最多的还是我们自己的太阳系，人们观测了很多和太阳同样的恒星，它们处在不同的发展阶段，如此一来，人们就仿佛在宇宙中看到了不同时期的太阳，有年轻的"太阳"，进入中年的"太阳"，进入老年的"太阳"，还有死亡后的"太阳"。于是，人类便通过望远镜很清楚地看到了自己的命运，明白了我们这颗辉煌的恒星和它的太阳系也有一个从生到死的过程。下面，让我们回到自己的太阳系中来，看看宇宙中这个唯一被证实有生命存在的地方有着怎样的过去和未来吧。

1755 年，年仅 30 岁的康德（图 6.12）在他的《自然通史和天体论》中提出了太阳系起源的星云假说。他说，太阳系中的所有天体

图 6.12　德国哲学家康德

都是从一团叫做星云的弥漫物质中演变而成的，那些星云在万有引力的作用下各自聚集成了太阳、行星、卫星和彗星，于是太阳系便形成了。

假若你研究了太阳系中各个天体的组成，你会发现康德是对的，因为那些组成显示它们是"一家人"，有着共同的特性，表明它们形成于同一块分子云中。

当太阳形成的时候，它消耗了这片分子云中 99.8% 的物质，而剩下的物质则以气体和尘埃的形式环绕太阳组成了一个稀薄的盘，它们在绕太阳运行的过程中不断地碰撞、组合和聚集。在盘的内侧，太阳使物质变得非常热，只有熔点高的金属和硅酸盐能够在那样的地方存在并渐渐地聚集成固体的行星，但这些行星的位置限制了它们的大小，所以不可能很大，它们便是内太阳系中的水星、金星、地球和火星（图 6.13）。

图 6.13　内太阳系中的水星、金星、地球和火星（从左到右）

在盘的外侧，情况就很不一样了，那里非常冷，因为太阳离得很远，甲烷和水都以固体的形式存在，太阳的热力也不足以"吹散"附着在星体上的气体分子。因此，那里的行星可以"长"得很大，它们通常有一个固体的核，核的外面是浓密的气体，这些

行星是太阳系中的"巨人"，分别是木星、土星、天王星和海王星（图6.14）。

图6.14　外太阳系中的木星、土星、天王星和海王星（从下往上）

在外太阳系，巨大的气体行星都拥有数量不等的卫星，今天在太阳系中发现的卫星绝大多数都属于这些气体巨行星，它们巨大的引力使周围的物质聚集成围绕它们运行的卫星和行星环。然而在内太阳系，卫星则是稀罕之物，水星和金星都没有卫星，火星拥有两颗卫星——火卫一和火卫二，地球则拥有一个很大的月亮，但这三颗卫星似乎原本并不应该存在。火卫一和火卫二好像来自其他的地方，或者是一次碰撞的产物，月亮也被认为是由一块从地球上撞掉的物质形成的，它们的出现都被认为是一种意外。

二、巴普提斯蒂娜

但意外给地球带来了好运。月亮是地球的孩子，也是大自然送给地球最珍贵的礼物，它使地球与众不同。由于月亮引力的牵制作用，地球在自转的时候非常稳定，四季变化，寒暑交替，花开花谢和潮起潮落都很有规律。假若地球没有月亮的相伴，它的气候将是灾难性的，生命在地球上的生存将非常艰难，人类的存在更会成为一个悬疑。

　　月亮大约诞生于太阳系形成后的 1 亿年里，那时的太阳系还没有建立稳定的秩序，碰撞事件层出不穷。大约 40 亿年前，位于太阳系外围的木星和土星把天王星和海王星从距太阳较近的地方"挤"到了更远的位置，同时，它们还把一些物体拉进了内太阳系，这些物体以极快的速度撞向内行星，地球也因此遭受了大量彗星和小行星的撞击。一些科学家认为，正是在那个时期，地球从彗星和小行星那里得到了大量的水，一些有机分子也被它们带到了地球上来，地球生命才得以蹒跚地迈出了第一步。但直到 6 亿年前，地球上的生命才发展到了肉眼能够看到的程度；大约 4 亿年前，植物和两栖类动物登上陆地；3.5 亿至 3 亿年前，地球上出现了大森林；到了 2.5 亿年前，在一次惊心动魄大灭绝之后，爬行类动物登上了这颗动荡的星球，恐龙统治了世界。

　　恐龙的灭绝是在 1.6 亿年前就注定了的，当时火星与木星之间的小行星带上发生了两颗小行星之间的大碰撞，那两颗小行星的直径分别为 170 千米和 60 千米。碰撞发生后，它们便分裂成了无数碎片，形成了一个"小行星家族"，名为"巴普提斯蒂娜"。

　　"巴普提斯蒂娜"疯狂地冲向内太阳系。在大约 1 亿年前，其中的一块撞上了月亮，给月亮南半球上留下了一个明显的伤疤，这就是第谷陨石坑。如果你用望远镜观察月亮，你会很容易看到第谷陨石坑，它的直径为 85 千米，深为 4.8 千米，坑中隆起了一座高达 1.6 千米的山峰，那是撞击的反弹造成的。撞击扬起的物质落下后在坑的周围砸出了无数小坑，并形成了一些放射状的辐射条纹。在明亮的阳光下，你能看到那些条纹中的有些伸向很远的地方，其长度可达 1 500 千米（图 6.15 和图 6.16）。

图 6.15　第谷陨石坑。那次撞击扬起的物质落下
后在坑的周围砸出无数小坑，并形成了一些放射
状的辐射条纹

图 6.16　第谷陨石坑"近照"

　　到了大约 6 500 万年前，这个小行星家族中的另一块又向地球飞来，它闯入大气层后落到了墨西哥犹卡坦半岛的西北端，灭绝了称霸地球 1.6 亿年的恐龙。

　　那次碰撞结束了地球的中生代，缩小了爬行类动物的统治空间，

从此，包括人类在内的哺乳动物才有了自己的发展空间。说起来真是奇怪得很，碰撞对一些物种是灾难，对另外一些则是难得的契机。

三、发现太阳系的过去

早期的太阳系是个什么样子，其实也并不难知道，只要用望远镜观察一下今天的宇宙，我们就仿佛亲眼看到了那时的情景。仙女座厄普西仑星是北半球天空中的一颗明亮的星，离地球大约 44 光年，年龄约 30 亿年，肉眼便可看到。这颗星有三颗巨大的气体行星，质量分别是木星质量的 0.75 倍，2 倍和 4 倍，它们中的一颗很靠近它们的"太阳"，另外两颗沿着极为椭圆的轨道运行，这就是一个早期太阳系的"样板"，只不过它仿佛形成于一个比我们的太阳系更加躁动不安的环境中。在宇宙中，这样的"太阳系"是普遍存在的。根据斯必泽太空望远镜的观测，绝大多数系外行星系统都被浓密的尘埃笼罩着，那些尘埃应该是彗星撞击其他星体时留下的，表明那里的碰撞活动非常剧烈。我们的太阳系在年轻的时候也是这样，那时碰撞时常发生，许多星体上留下了密密麻麻的陨石坑，至今仍能为我们观测到。

6 500 万年前的那次碰撞事件发生后，地球上的生命形态便进入到了一个新的发展期，这时的太阳系已安静下来（图 6.17），它变得越来越无趣，它的八颗大行星都有自己固定的轨道，它们互不干扰，各行其是，运行得像时钟一样准确和平稳。最令人称奇的是，在从太阳向外数的第三颗行星上竟然演化出了一种自诩为"万物之灵"的脆弱物种——人。今天我们知道，这样的事情在宇宙中即使不是绝无仅有，也是极为稀少的。

当人类出现在地球上的时候，他们是多么脆弱啊。幸运的是，

图 6.17　太阳系安静了下来

人是与众不同的物种，非常善于思考和学习，他们在进化中崇尚思想的力量，而不是肌肉的力量，这是一个非常聪明，同时也非常需要勇气的抉择。于是，和发展肌肉相比，人类非常成功地进化出了非凡的大脑，这样一来，这个物种便渐渐地处在了大自然食物链的顶端，他们勇敢地摆脱了愚昧和野蛮，最终掌握了自己的命运。

四、再见吧，家园

然而太阳终要死亡，虽然那是 50 亿年以后的事，但毁灭却用不着等到那个时候，因为混乱可能是一点点地到来的。渐渐地，星球的轨道出现紊乱，情况变得越来越不对。随着太阳的"衰老"，它的演化越来越奇怪，它的行为也越来越"暴躁"。

根据太阳膨胀和升温的速度，人们现在可以肯定，几十亿年后，水星和金星将被太阳吞没，当然和地球相比，它们距太阳更近。然而，即使地球可以侥幸逃脱水星和金星的命运，它的上面也依然不

可能继续存在生命。

不过，在这颗星球完全沉寂以前，生命会有很多时间逃离厄运。渐升的气温迫使所有动物尝试逃往海洋以寻求庇护，它们中的有些的确适应了海洋环境并成功地生存很长一段时间。

渐渐地，海洋也变得不宜生存了。地球慢慢地死亡，恐龙曾遭遇过的厄运降临在所有事物上：动物、树、冰川、海洋，最后是细胞。

然而人类不是恐龙，不会坐以待毙，他们一定会在辽阔的星空中寻找一个新家，它很可能就是火星（图6.18）。

图 6.18　火星会成为人类的新家

原来火星会渐渐地变得温暖起来，尽管它现在很荒凉，但在未来的某一天，它有可能变得生机勃勃。

然而火星的好时代也有终结的一天。随着太阳继续膨胀，生命在火星上也难以继续，但木星和土星的卫星会变得"适宜居住"起来，它们有可能成为未来生命的避难所。木星有四颗大卫星，它们中有些被认为存在液态水。土星最大的卫星是土卫六（图6.19），直径比水星还大，它目前很潮湿，也很寒冷，上面液态的碳氢化合物可能含有丰富的有机分子。科学家猜想，土卫六到那时会变得很温暖，它的海水里将出现生命，从而成为一个生机勃勃的繁荣星球。

图 6.19　现在的土卫六很寒冷，但将来可能变得温暖起来

五、原来自己最精彩

到那时，我们的后代如果还在太阳系里，他们会看到与我们今天完全不同的星空，因为到那时，银河系可能已经和我们的宇宙邻居仙女座星系发生了碰撞，合并成一个新的星系，在那里，新的恒

星正在形成，新的"太阳系"正在襁褓之中，它们照亮了夜空。

但太阳还在演化，最终要熄灭，它会抛掉所有的外层物质收缩成一颗白矮星，于是土卫六又封冻了。在剩下的时光里，外太阳系的星球将围绕这垂暮的恒星继续运行，而太阳也将最终失去它最后的一点光辉。直到有一天，平衡在无意间被某种力量所打破，仅剩的星球被这种力量驱使着相继脱离太阳系，或者向太阳坠落，这个系统才最终解体。

这就是太阳系的"一生"。尽管人们用望远镜研究了宇宙中的很多地方，有些地方似乎也很像太阳系，但人们至今也没有发现任何一个行星系统拥有和太阳系一样精彩的"一生"，所以就我们目前所知，只有太阳系真正创造了宇宙的奇迹，它向宇宙证明了大自然中并非只有冷酷的自然法则，还有道德法则，还有理性和爱，还有科学、艺术、哲学、宗教和无与伦比的精神世界。原来我们自己才是最精彩的啊！

现在，人们已经拥有了非常强大的望远镜，但面对宇宙，依然怀有许多疑问。我们不知道宇宙大爆炸后的第一缕星光是如何出现的，早期的宇宙究竟是一种怎样的状态。我们也不知道在宇宙中，生命，尤其是智慧生命是否十分稀少，抑或我们并非宇宙中的唯一。黑洞、类星体、暗物质和暗能量对于我们还十分神秘，它们在宇宙的形成和发展中起着怎样的作用？太阳系遥远的边缘我们还知之甚少，传说中的奥尔特云是否存在？很显然，这些疑问依然有赖于望远镜为我们提供答案。

六、中国视线，举世期待

事实证明，用望远镜观测星空是全人类的一项重要事业。在我

国，天文学曾有过辉煌的时代，但是到了近代，当西方科学家举起望远镜观察星空的时候，我们却对望远镜视而不见，这也正是近几百年来我国天文学止步不前的重要原因。不过现在，中国起跑了，她正在奋起直追。

当新千年的曙光唤醒大地的时候，我国一架名为 LAMOST 的大型光学望远镜诞生了，它预示着中国天文观测新时代的来临。这架望远镜后来被正式冠名为"郭守敬望远镜"（图 6.20），它是世界上最大的大视场望远镜，堪称能干的"星空巡视员"，也是中国望远镜制造史的里程碑，它的建成为我国研制后续巨镜打下了坚实基础。

几乎在同时，一个名为 FAST 的庞然大物也在贵州黔南州平塘县的大洼地中渐渐成形，它是一架口径达 500 米的球面射电望远镜，面积相当于 30 个足球场的总合。FAST 最擅长揭示宇宙早期演化的秘密，是我国科学家跻身宇宙探索前沿，追赶世界先进水平的"大手笔"。

与此同时，一些中型射电望远镜也在我国天文观测中发挥着重要作用。我国还建造了研究宇宙"黑暗时期"的射电望远镜阵列，这个名为"宇宙第一缕曙光"的探测项目捕捉宇宙第一批恒星发出的光，是世界上最早开展同类课题研究的大型射电望远镜阵列。

我国还在南极建立了天文观测站，科学家在那里安装了我国自主研发的全自动无人值守望远镜。在未来，我国科学家还将在南极安装更大的望远镜，这些望远镜将被用来研究暗物质、暗能量、黑洞、宇宙起源和生命起源等重大前沿课题。

图 6.20　郭守敬望远镜

　　在发展自己的望远镜的同时，我国科学家也不忘参与国际合作，如"平方千米射电望远镜阵列"就不乏中国科学家的积极参与。"平方千米射电望远镜阵列"是一个由 3 000 台射电望远镜组成的阵列，堪称新千年人类求知欲和探索精神的象征。可以预测，在未来，一些雄心勃勃的世界大望远镜项目将越来越多地出现中国科学家的身影。在 21 世纪，崛起的中国要做天文学的巨人，她探索宇宙奥秘的"中国视线"举世期待。

　　回顾望远镜发展的历史，可以清楚地看到，自从有了天文望远镜，人类便开始了一场旷日持久的追求，那就是让它们"演化"得越来越先进。人类在这方面花费的财力恐怕早已成了名副其实的"天文数字"，然而人们依然"乐此不疲"，这是因为对真理的追求和对知识的渴望是人类的天性。想想人生多么短暂，在世难逾百年，而望远镜则让无数倏然而逝的生命知道了 130 多亿年前发生的事，让人们思考自然的真相、万物的道理和宇宙的本源，这才是价值和

意义的真正所在。

事实上，望远镜已经让我们知道了很多，从某种意义上说，正是望远镜让我们变得不再傲慢，原来我们既不是宇宙的中心，也不是银河系的中心，甚至不是太阳系的中心；也是望远镜让我们变得不再自大，原来我们生活的地球在宇宙中只不过一粒尘埃一般的存在，被我们视为无比伟大的壮举、征服和野心也只不过是这粒尘埃上一点可怜的衍生物而已；同样是望远镜，让我们面对了真实的宇宙，从而能够更客观，更理性，更深刻地思考自我的存在：人生的意义是什么？幸福在哪里？人的价值体现在何处？400年来，正是望远镜改变了人类对宇宙的认识，也正是望远镜让我们真正审视了自己。